冷熱都可以！
燜燒罐潛能食譜

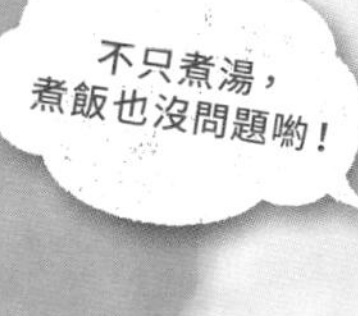

三悅文化

燜燒罐只拿來煮湯，太大材小用了！120%地有效運用吧！

燜燒罐是午餐時間相當常見的器具。因為燜燒罐可以讓自己在正中午喝到熱騰騰的湯，還能保留住溶解在湯裡的營養成分，同時，因為不需要製作太多配菜，所以可說是簡單又經濟。可是，燜燒罐的潛力可不光只有如此。

燜燒罐具有保溫調理器的功能，可以持續維持 80 度的溫度約 3 小時左右。所謂的保溫調理器是，只要放進預先調理過的素材，就可以在數小時後慢燉出熱呼呼料理的烹調用家電。最適合用來烹煮慢火燉煮的料理。燜燒罐的保溫功能就跟保溫調理器一樣。只要掌握住訣竅，就連白飯、五穀飯、燉飯等都可以一罐搞定。

甚至，就連需要花費時間烹煮的水煮豆、根莖類蔬菜、乾物的燉煮、溫泉蛋、豆腐，都可以簡單製作，所以燜燒罐能夠以保溫調理器的形式，發揮出最大的功能。

此外，燜燒罐的保冷效果也相當值得一提。只要把預先冰鎮、冷凍的食材，放進冰鎮過後的燜燒罐，就算是早上放進罐裡的沙拉，到了中午仍舊可以維持清脆。

如果要進一步運用燜燒罐的保冷效果，也可以試著製作各式各樣的甜點。以市售的糯米丸子或蜂蜜蛋糕作為食材的冰冷甜點，或是用燜燒罐凝固的杏仁豆腐，就像是燜燒罐的魔法一般！

燜燒罐是種可以用來煮飯、製作水煮豆或家常菜、冰涼沙拉或甜點的萬能調理道具。本書將為大家介紹把燜燒罐的保溫、保冷功能發揮到極致的料理及烹調方法的訣竅，以及利用燜燒罐所製作的食材，來製作創意料理的方法。

請大家務必和我一起享受全新的燜燒罐午餐時光。

金丸繪里加

CONTENTS

PART 1 提升能量！熱騰騰！熱呼呼的罐便當

PART 2 溫暖身體的效果&健康！溫、冷湯

PART 3 瘦身食譜也OK！善用絕佳保冷功能的 罐沙拉

PART 4 進階運用 燜燒罐做家常小菜

PART 5 保冷、簡單又美味的 燜燒罐甜食

本書的使用方法

食譜標記的規則

- ●材料為一人份。可是，p.48 ～49、PART4 的一部分則是以容易製作的份量進行標記。
- ●1 大匙為15㎖、1 小匙為5㎖、1 杯則是指量杯200㎖。
- ●米以公克標記。1 杯米（180㎖）為150g。
- ●沒有特別標記的時候，火侯為中火。
- ●蔬菜的「清洗」、「去皮」、「香菇去蒂頭」的基本步驟，並沒有標記在製作方法上。

其他

- ●本食譜使用膳魔師（THERMOS）的燜燒罐「真空斷熱食品罐–JBJ-301」（容量300㎖）。使用不同容量的燜燒罐時，請參考p.13 的換算表，依照使用說明書進行使用。另外，若減少份量，保溫（保冷）效果會有下降的可能性，如果增加食材，則會有無法調理的情況。
- ●完成的份量有時會因食材大小或使用調理道具的不同，而超出燜燒罐內側的線。這個時候，請避免讓份量超出內側的線。若有剩餘，就請另外吃掉。（本書為了拍攝效果，會有刻意裝多一點的情況）。
- ●材料並不包含預熱燜燒罐用的熱水。另外，瀝乾時的熱水量也沒有特別標記，所以請添加至燜燒罐內側的線為止。由於料理時會使用熱水，所以請事先備妥600㎖左右的熱水。使用熱水時請多加小心，避免不慎燙傷。
- ●微波爐的加熱時間是以600W 的設定作為標準。由於有廠牌、機種的差異，所以請視情況加以調整。
- ●裝填冰冷食物時，請在事前確實冷卻內容物和燜燒罐。
- ●裝填冰冷食物時，為避免食物腐敗，請注意攜帶及放置的場所。夏季等氣溫較高的季節，尤其要特別注意。

不光是湯，就連飯、沙拉、甜點都可以製作！

擅長保溫燜燒的燜燒罐，同時也擁有優異的保冷功能。只要確實掌握兩種功能，就可以讓便當菜色更富變化。

使用保溫、保冷功能

只要使用燜燒罐的保溫效果，就能夠以80度左右的溫度來進行保溫燜燒，所以中午的時候，可以品嚐到火候恰到好處的熱飯或者熱湯。有時間的時候，也可以製作水煮豆或家常小菜存起來備用！

如果是確實冷卻的材料，則可以在6小時的時間內維持13度以下的溫度，所以也可以用來製作罐沙拉便當、冷湯或是甜品！

米飯也可以完美烹調！

燜燒罐不僅可以用來烹調白粥或麵，還可以拿來調理白飯、五穀飯或燉飯。希望在中午確實補充能量的人，請試試飯類料理。

五穀飯

什錦菜飯

不管是溫是冷，全都交給傳統湯品

不光是可以完整攝取營養、食材豐富的熱湯，就連冷湯也完全沒有問題，這就是燜燒罐的實力。食慾不佳的夏季，建議製作沙拉口感的湯品。

高麗菜培根番茄湯

甜椒黃瓜優格湯

清脆沙拉
也得心應手

份量十足的沙拉便當是瘦身纖體的最佳良伴。如果善用燜燒罐預冷的保冷功能，中午也能吃到清脆口感的新鮮沙拉。

粉絲沙拉

雞柳古斯米的碎沙拉

完美！
冰涼甜品

燜燒罐保冷功能的醍醐味就在於甜品製作！製作冰淇淋口感、大量水果的冰涼甜點等，令人驚嘆的傳統甜品。

糖漬柑橘糯米丸

冷凍香蕉和穀麥佐鹹味焦糖醬

運用多餘時間，
製作水煮豆等家常小菜…

只要善用燜燒罐可以持續 3 小時維持 80 度的功能，就可以製作出水煮豆、燉煮蘿蔔乾、溫泉蛋、豆腐、甜酒等料理。善於使用燜燒罐的高手，請利用多餘的時間，把燜燒罐當成保溫調理器，發揮出燜燒罐的最大效能。

水煮海軍豆

燜燒罐保溫、保冷的基本調理步驟

不管是保溫還是保冷，燜燒罐都有著基本使用方法。
只要學會使用步驟，就可以百分之一百二地使用燜燒罐。

使用預先烹調的食材

使用不容易煮熟的根莖類蔬菜、肉或魚等生食、乳製品的時候，為了防止食材腐敗，預先烹調是使用燜燒罐的基本規則。

1— 預熱

把熱水倒進燜燒罐

鎖上內蓋、外蓋，預熱2分鐘以上（保溫）

2— 加熱食材

3— 倒掉燜燒罐裡的熱水

4— 用湯杓等道具，把食材裝進罐裡

5— 關上蓋子，2～5小時後即可品嚐美味

把食材直接放進燜燒罐

如果是菜葉蔬菜、火腿等加工品、乾物等，不需要加熱烹調，也可以安心食用的食材，都可以直接放進燜燒罐。瀝掉預熱的熱水後，加上調味料、熱水即可。

1— 瀝湯程序

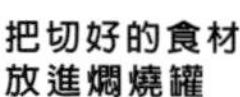
把切好的食材放進燜燒罐

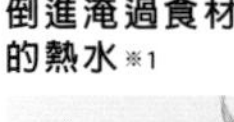
倒進淹過食材的熱水※1

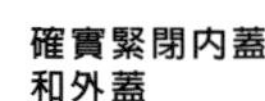
確實緊閉內蓋和外蓋

2分鐘後，瀝掉預熱的熱水※2

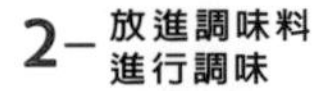
2— 放進調味料進行調味

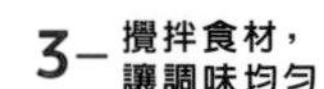
3— 攪拌食材，讓調味均勻

4— 到進淹過食材的熱水※1

5— 關上蓋子，4～5小時後即可品嚐美味

冰涼沙拉、冷湯、冰涼甜品的基本

裝填冰冷食材時，有幾個規則。基本上，就是要確實冰鎮燜燒罐和內容物。為了預防腐敗，請在 6 個小時內食用完畢。

RULE 1 燜燒罐務必預冷（建議前一天晚上進行預冷）※3

採用保冷調理時，請務必先用熱水消毒燜燒罐，並且在倒放晾乾後，緊閉內蓋，放進冰箱冷藏。

RULE 2 製作沙拉時，依序把冰過的沙拉醬→較重的食材放進隔天的燜燒罐裡

在食用前
把罐子倒扣
讓沙拉醬均勻
滲入食材

RULE 3 製作冷湯時，把冰過的食材和湯放進隔天的燜燒罐裡

RULE 4 製作冰涼甜品時，把冷凍、冷藏食材放進隔天的燜燒罐裡

把冷凍、冷藏的食材放進預冷的燜燒罐裡面。

RULE 5 關上蓋子，在6小時之內食用完畢。

[POINT]

※1 倒進的熱水，請不要超過燜燒罐內側的線（參考p.12「基本構造和各部的作用」）。

※2 瀝熱水的方法有 2 種。使用濾網，可避免食材掉出，相當便利。食材較大的時候，則可直接使用內蓋把熱水瀝掉。

※3 把冰水倒進燜燒罐內，蓋緊內蓋、外蓋，並且在2分鐘後，把冰水倒掉，也可以達到預冷效果，不過，本食譜仍建議採用放置冰箱充分冷藏的方式。

●內容物放進燜燒罐之後，在開始食用之前，請不要任意打開蓋子。有時會導致保溫（保冷）效果下降。

●只要在前一天晚上把食材切好，隔天早上就會更加輕鬆。

●為了使加熱均勻，食材的大小請盡可能一致。

了解燜燒罐的基本資訊

不管是烹煮米飯或是製作沙拉、甜點。為了百分之一百二地有效運用燜燒罐的功能，先確實了解基本的使用方法和注意事項吧！

基本構造和各部的作用

外蓋

打開時往逆時針方向轉動，關緊時則往順時針方向轉動。

內蓋

為了提高保溫效果，內蓋上附有預防外漏的墊片。

本體

採用與魔法瓶相同的不鏽鋼製雙層結構。瓶口則採用方便食用的廣口設計。

剖面圖

內容物的份量不要超過紅線位置！如果裝填太多，關上蓋子時，可能導致內容物溢出，請多加注意。

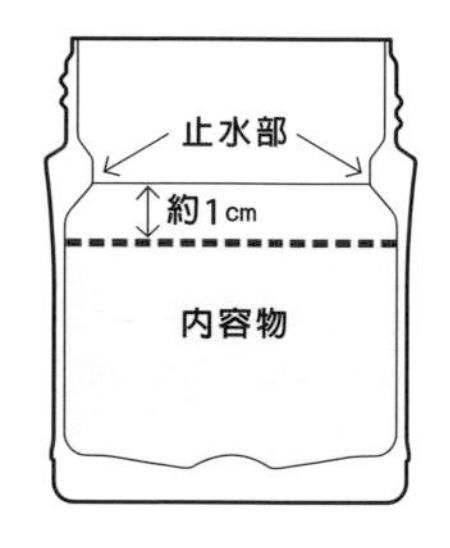

務必遵守的4項規則

●使用前務必用熱水預熱

為了維持燜燒罐的保溫效果，請用熱水把本體或食材先預熱 2 分鐘以上（詳細請參考 P.10 ～ 11 頁）。

●就算是生冷料理，仍要用熱水消毒

就算製作的是生冷料理，仍必須依照 p.11 的 RULE 1 的要領，用熱水消毒燜燒罐。之後，請把燜燒罐晾乾，再進行預冷。食材也必須充分冰鎮，這是關鍵。

●生食、乳製品務必加熱

肉或魚貝類等生食，以及牛乳等乳製品，請務必加熱後再放進燜燒罐，以避免食材腐敗。

●在6小時以內食用完畢！

燜燒罐內的食物，請在 6 小時以內食用完畢。若放置過久，可能會導致食物腐敗。

燜燒罐的保溫時間

JBJ-300保溫效力

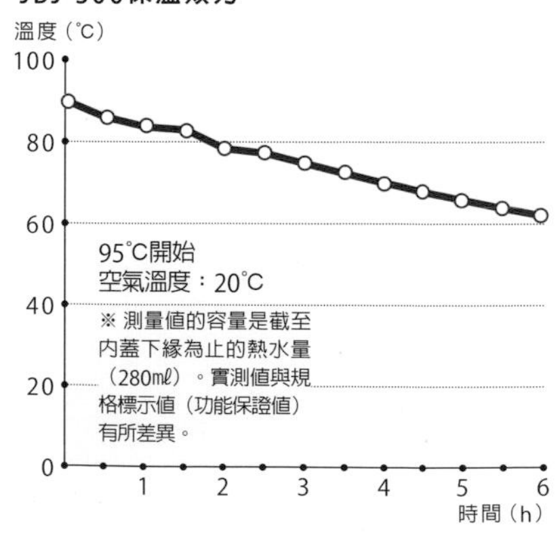

膳魔師燜燒罐採用真空斷熱層構造，能長時間防止熱氣外洩。因此，能夠在約 6 小時內，使內容物保溫 60 度以上。另外，保冷效果也相當優異，可在 6 小時後仍維持 13 度以下，不過，實際的時間長度仍會因內容物而有不同。

挑選容易使用的容量吧！

使用膳魔師300mℓ類型的燜燒罐

本書的食譜使用 300mℓ的膳魔師燜燒罐「真空斷熱食品罐 –JBJ-301」（容量300mℓ）。

使用其他容量的燜燒罐的有用換算表

使用不同容量的燜燒罐時，請以下列的換算表為基準，調整材料、調味料和水量。另外，煮飯時，容易因火侯而產生誤差，所以請作為參考即可。

270mℓ

380mℓ

把300mℓ設為1的情況

250mℓ	270mℓ	380mℓ
▼	▼	▼
0.8倍	0.9倍	1.3倍

利用輔助調理道具縮短早上的調理時間！

預先處理的必備品

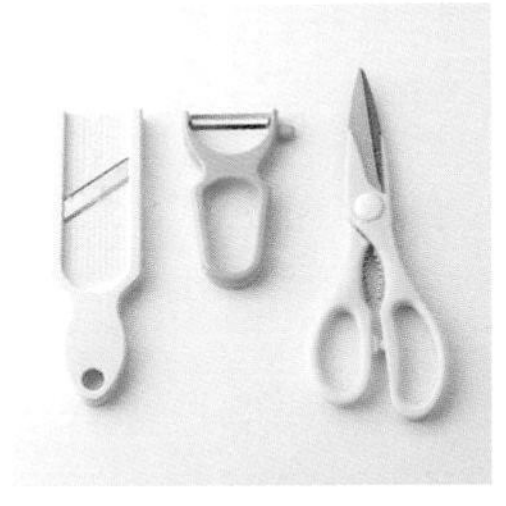

切片器、刨刀、廚房剪刀

把蔬菜剪成適當厚度時，可以使用切片器，綠葉蔬菜則可以使用廚房剪刀，這樣就不需要砧板，讓調理作業更加便利。刨刀則是不擅長削皮者的最佳利器。

正確測量

量匙和量杯

如果有 1mℓ和 5mℓ的量匙，就會使作業更加便利。耐熱用的量杯，是使用微波爐加熱時的必備道具。要使用附把手的類型。

推薦的便利道具

照片中央 / 便當湯勺（品牌：MARNA）

濾網、湯勺、牛奶鍋

瀝熱水用的濾網，要選用尺寸比燜燒罐罐口大的種類。附尖嘴的湯勺和牛奶鍋，在燜燒鍋調理上最為便利。

便當便利工具

照片左起 / 便當夾子、瀝水洗米勺、便當飯勺（品牌：MARNA）

夾子、瀝水洗米勺、飯勺

如果有便當專用的夾子和飯勺，就可以對應燜燒罐的廣口和容量，更容易裝填食材。可以在不沾溼手的情況下洗米、濾水的瀝水洗米勺，是有助於事前準備的便利道具。

保養與注意事項

●使用後請馬上清洗並晾乾。內蓋和外蓋可以使用洗碗機清洗，但是，請不要把本體放進洗碗機清洗。

●乾冰、碳酸飲料、可能造成腐敗原因的生食、冰沙等，請不要放進燜燒罐中。

●請不要用火烹煮燜燒罐，或讓燜燒罐靠近暖爐或火爐等火源。以免造成接觸時的燙傷，或是罐身變形、變色。

●請避免直接用微波爐加熱燜燒罐，請把食材放進耐熱容器後，再以微波爐進行加熱。此外，也請不要把燜燒罐放進冷凍庫中。

PART 1

提升能量！熱騰騰！
熱呼呼的罐便當

用燜燒罐烹煮出美味米飯

**希望大家優先學習的第一階段是，米飯的烹煮方法！
容量 300㎖的燜燒罐可烹煮出 1.5 杯的米飯。關鍵就在於水量的增減。請掌握訣竅，增加用燜燒罐煮飯的創意變化吧！**

POINT 製作方法的重點

1— 確實測量米和水

以 300㎖的燜燒罐來說，100g 的米比¾杯的水（80g 的米比 130㎖的水）最為適量（食材等除外）。

2— 前晚泡水備用是訣竅

米洗完之後，用濾網撈起，把水瀝乾。之後，倒進小鍋裡，倒進使用的水量浸泡。如果希望烹煮出更佳的口感，建議在前一晚泡水。

3— 米烹煮完成後，用小火加熱 3 分鐘

烹煮好的米飯外觀，取決於加熱的過程。水分蒸發量會因為鍋子的大小或者火侯而產生差異，所以請注意加熱後的水量。

NG
水太少…

照片中的情況就是水量太少，就會有米芯不透的問題，請多加注意。這個時候，就加入 1 大匙的熱水，加以調整吧！

NG
水太多…

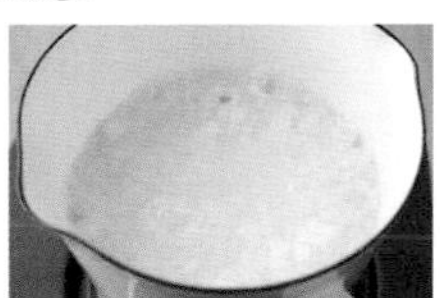

照片中的情況就是水量太多，結果就會導致預期的米飯變成粥，所以就要減少水量，加以調整。

4— 也不要忘記燜燒罐的預熱

為了維持保溫力，請把熱水倒進燜燒罐裡，關上蓋子，預熱 2 分鐘以上。

5— 把米倒進燜燒罐後，準備就完成了

把加熱後的米飯倒進燜燒罐，確實蓋緊蓋子，後續的烹調就交給燜燒罐。3 小時之後，熱騰騰的米飯就完成了。

1— 準備的米和水就這麼多！

2— 在前一晚把米洗淨、泡水，隔天早上就會更加輕鬆。

3— 用略強的中火烹煮浸泡過的米。

4— 燜燒罐事先預熱吧！

5— 把加熱好的米放進燜燒罐。

首先，先從白飯開始做起！

白飯

材料

米…80g
水…130mℓ

製作方法

事前準備（盡可能前晚準備）
清洗白米，用濾網撈起，把水分瀝乾後，倒進鍋裡，加入指定的水量，浸泡一晚（如果是當天準備，則浸水 30 分鐘以上）。

1– 預熱
把熱水倒進燜燒罐，關上蓋子預熱。

2– 烹煮
用略強的中火加熱預先準備的鍋子，沸騰後改用小火加熱 3 分鐘。

3– 裝進燜燒罐
把步驟 **1** 燜燒罐中預熱的熱水倒掉，倒入步驟 **2** 的白米飯，關緊蓋子，放置 3 小時以上。

食物纖維豐富，齒頰留香

五穀飯

材料

米…60g
雜穀…2 大匙（20g）
水…130mℓ

製作方法

事前準備（盡可能前晚準備）
清洗白米，用濾網撈起，把水分瀝乾後，倒進鍋裡，加入指定的水量和雜穀，浸泡一晚（如果是當天準備，則浸水 30 分鐘以上）。

1－ 預熱
把熱水倒進燜燒罐，關上蓋子預熱。

2－ 烹煮
用略強的中火加熱預先準備的鍋子，沸騰後改用小火加熱 3 分鐘。

3－ 裝進燜燒罐
把步驟 **1** 燜燒罐中預熱的熱水倒掉，倒入步驟 **2** 的白米飯，關緊蓋子，放置 3 小時以上。

充 分 給 予 飽 足 感 ， 纖 體 瘦 身 的 良 伴

燕麥飯

材料

米⋯60g

燕麥⋯2 大匙（20g）

水⋯130mℓ

製作方法

事前準備（盡可能前晚準備）

清洗白米，用濾網撈起，把水分瀝乾後，倒進鍋裡，加入指定的水量，浸泡一晚（如果是當天準備，則浸水 30 分鐘以上）。

1－ 預熱

把熱水倒進燜燒罐，關上蓋子預熱。

2－ 烹煮

用略強的中火加熱預先準備的鍋子，沸騰後改用小火加熱 3 分鐘。

3－ 裝進燜燒罐

把步驟 **1** 燜燒罐中預熱的熱水倒掉，倒入步驟 **2** 的白米飯，關緊蓋子，放置 3 小時以上。

溫暖胃和心的白粥午餐

白粥

材料

米…3 大匙（36g）

熱水…適量

製作方法

1－ 洗米

把米倒進燜燒罐，倒進超過食材的水，關上蓋子，上下晃動。

2－ 食材和燜燒罐的預熱

打開燜燒罐的蓋子，把濾網平貼在罐口，在避免食材溢出的情況下，倒掉罐裡的水，倒進淹過食材的熱水，關上蓋子預熱。

3－ 瀝乾 & 裝熱水

2 分鐘後，把步驟 **2** 的蓋子打開，把濾網平貼在罐口，在避免食材溢出的情況下，倒掉罐裡的熱水，加入熱水直到內側的標準線位置，關緊蓋子，放置 3 小時以上。

使用豌豆，展現可愛視覺

豌豆飯

材料

米…80g

豌豆…40g（含豆莢在內約 150g）

A
- 雞湯粉…1 小匙
- 味醂…½ 小匙
- 酒…1 大匙
- 鹽巴…少許

水…⅘ 杯

製作方法

事前準備（盡可能前晚準備）

清洗白米，用濾網撈起，把水分瀝乾後，倒進鍋裡，加入指定的水量，浸泡一晚（如果是當天準備，則浸水 30 分鐘以上）。

1– 預熱

把熱水倒進燜燒罐，關上蓋子預熱。

2– 烹煮

把豌豆和 **A** 材料放進預先準備的鍋子，用略強的中火烹煮，沸騰後改用小火加熱 3 分鐘。

3– 裝進燜燒罐

把步驟 **1** 燜燒罐中預熱的熱水倒掉，倒入步驟 **2** 的豌豆飯，關緊蓋子，放置 3 小時以上。

特別的日子就用紅豆飯來慶祝

紅豆飯

材料

米…80g
紅豆（水煮）…40g
（製作方法參考 p.70）
紅豆湯…4 小匙
水…⅘ 杯

使用P.70的水煮紅豆

製作方法

事前準備（盡可能前晚準備）
清洗糯米，用濾網撈起，把水分瀝乾後，倒進鍋裡，加入指定的水量和紅豆湯，浸泡一晚。

1－預熱
把熱水倒進燜燒罐，關上蓋子預熱。

2－烹煮
把紅豆放進預先準備的鍋子裡快速攪拌，用略強的中火烹煮，沸騰後改用小火加熱 3 分鐘。

3－裝進燜燒罐
把步驟 **1** 燜燒罐中預熱的熱水倒掉，倒入步驟 **2** 的紅豆飯，關緊蓋子，放置 3 小時以上。

什錦菜飯
314
kcal
章魚飯
349
kcal

燜燒罐製成的絕品菜飯

什錦菜飯

材料

糯米…30g
米…40g
醃雪裡紅…20g ▶ 切碎
鮭魚碎肉…1 大匙（15g）
胡蘿蔔…⅙ 根（20g）▶ 切絲
牛蒡…7.5cm（15g）▶ 削片
香菇…1 小朵 ▶ 切片
薑…½ 塊 ▶ 切絲
A | 醬油…½ 小匙
　| 酒…1 小匙
水…170mℓ

製作方法

事前準備（盡可能前晚準備）
清洗糯米，用濾網撈起，把水分瀝乾後，倒進鍋裡，加入指定的水量，浸泡一晚。

1– 預熱
把熱水倒進燜燒罐，關上蓋子預熱。

2– 烹煮
把胡蘿蔔、牛蒡、香菇、薑放進預先準備的鍋子，用略強的中火烹煮，沸騰後加入雪裡紅、鮭魚、A 材料粗略攪拌，改用小火加熱 3 分鐘。

3– 裝進燜燒罐
把步驟 1 燜燒罐中預熱的熱水倒掉，倒入步驟 2 的飯菜，關緊蓋子，放置 3 小時以上。

生薑增添鮮味！

章魚飯

材料

米…80g
水煮章魚…40g ▶ 削成薄片
A | 薑…1 塊 ▶ 切絲
　| 涼麵沾醬（2 倍濃縮）…1 大匙
　| 酒…½ 大匙
水…⅘ 杯

製作方法

事前準備（盡可能前晚準備）
清洗白米，用濾網撈起，把水分瀝乾後，倒進鍋裡，加入指定的水量，浸泡一晚（如果是當天準備，則浸水 30 分鐘以上）。

1– 預熱
把熱水倒進燜燒罐，關上蓋子預熱。

2– 烹煮
把 A 材料放進預先準備的鍋子，用略強的中火烹煮，沸騰後加入章魚粗略攪拌，改用中火加熱 3 分鐘。

3– 裝進燜燒罐
把步驟 1 燜燒罐中預熱的熱水倒掉，倒入步驟 2 的章魚飯，關緊蓋子，放置 3 小時以上。

大量的番茄和海鮮

西班牙大鍋飯

材料

米…80g
番紅花（可有可無）…一撮
綜合海鮮…30g
番茄…¼ 顆（50g）▶ 切成大塊
洋蔥…1/16 顆（10g）▶ 切末
甜椒（紅）…⅙ 顆（20g）
▶ 1cm 寬的細條
玉米粒…1 大匙
綠蘆筍…1 根（15g）
▶ 切成 2 ～ 3cm 長
高湯粉…1 小匙
橄欖油…1 小匙
鹽巴、胡椒…各少許
水…⅘ 杯

製作方法

事前準備（盡可能前晚準備）
清洗白米，用濾網撈起，把水分瀝乾後，倒進調理碗裡，加入指定的水量和番紅花粗略攪拌，浸泡一晚。（如果是當天準備，則浸水 30 分鐘以上）

1－ 預熱

把熱水倒進燜燒罐，關上蓋子預熱。

2－ 拌炒 & 烹煮

把橄欖油和洋蔥放進平底鍋加熱，產生香氣後，加入綜合海鮮和番茄，用大火拌炒。番茄煮爛之後，加入預先準備好的白米、湯汁、清湯粉烹煮，加入剩下的食材，用中火加熱 3 分鐘，再用鹽巴、胡椒調味。

3－ 裝進燜燒罐

把步驟 **1** 燜燒罐中預熱的熱水倒掉，倒入步驟 **2** 的飯菜，關緊蓋子，放置 3 小時以上。

辛辣的亞洲飯食

印尼炒飯

材料

米…80g
剝殼蝦…4～5尾（50g）
豬絞肉…30g
胡蘿蔔…⅙根（20g）▶切碎
洋蔥…1/16顆（10g）▶切末
四季豆…2小條（12g）
▶5㎜厚的小口切
A｜蒜頭…½塊▶切末
｜辣椒…1撮▶小口切
魚露…½大匙
橄欖油…1小匙
香菜…適量
水…180㎖

製作方法

事前準備（盡可能前晚準備）
清洗白米，用濾網撈起，把水分瀝乾後，倒進調理碗裡，加入指定的水量，浸泡一晚（如果是當天準備，則浸水30分鐘以上）。

1– 預熱
把熱水倒進燜燒罐，關上蓋子預熱。

2– 拌炒 & 烹煮
把橄欖油和洋蔥、A材料放進平底鍋加熱，產生香氣後，加入絞肉和胡蘿蔔，拌炒直到豬肉變色為止。加入鮮蝦、四季豆、魚露粗略拌炒，連同水一起加入預先準備好的白米，加熱2～3分鐘。

3– 裝進燜燒罐
把步驟**1**燜燒罐中預熱的熱水倒掉，倒入步驟**2**的飯菜和香菜，關緊蓋子，放置3小時以上。

椰奶烹煮出溫和口感

綠咖哩燉飯

材料

米…40g
雞腿肉…30g ▶ 切成 1cm 寬
鴻禧菇…20g ▶ 撕成 1 根
玉米筍…1 根（10g）
▶ 切成 3 ～ 4 等分
高麗菜…½ 片（30g）
▶ 切成 2cm 方形
綠咖哩醬…2 小匙（10g）
椰奶…½ 杯
A | 魚露…½ 小匙
砂糖…½ 小匙
橄欖油…½ 大匙
水…¼ 杯

製作方法

1– 預熱

把熱水倒進燜燒罐，關上蓋子預熱。

2– 拌炒 & 烹煮

用鍋子加熱橄欖油，把雞肉的雞皮朝下，放進鍋裡，拌炒直到雞肉變色為止。加入白米，拌炒直到白米通透為止，加入鴻禧菇、玉米筍、高麗菜，進一步拌炒。加入指定的水量和椰奶、綠咖哩醬，一邊攪拌烹煮，沸騰後用 **A** 材料調味，關火。

3– 裝進燜燒罐

把步驟 **1** 燜燒罐中預熱的熱水倒掉，倒入步驟 **2** 的飯菜，關緊蓋子，放置 2 小時以上。

番茄味的熱門燉飯！加入豆類更加健康

鷹嘴豆番茄燉飯

材料

米…40g
鷹嘴豆（水煮）…30g（製作方法參考 p.69）
綠花椰…2 朵（30g）▶ 分成小朵
甜椒（黃）…⅙ 顆（20g）
▶ 切成 1cm 丁塊狀
培根…½ 片（10g）▶ 切條
洋蔥…1/16 個（10g）▶ 切末
A
番茄汁（無添加食鹽）…¾ 杯
高湯粉…½ 小匙
鹽巴、胡椒…各少許
橄欖油…1 小匙
起司粉…2 小匙

使用P.69的水煮鷹嘴豆

製作方法

1– 預熱

把熱水倒進燜燒罐，關上蓋子預熱。

2– 拌炒 & 烹煮

用鍋子加熱橄欖油，放進培根、洋蔥，用小火拌炒直到產生香氣。加入白米，用中火拌炒直到白米通透之後，加入甜椒進一步拌炒。加入鷹嘴豆和 A 材料，粗略拌炒，沸騰後加入綠花椰，再次沸騰的時候關火。

3– 裝進燜燒罐

把步驟 **1** 燜燒罐中預熱的熱水倒掉，倒入步驟 **2** 的飯菜、起司粉，關緊蓋子，放置 2 小時以上。

344 kcal

把蘇格蘭的傳統湯品製成燉飯

燕麥蘇格蘭風味湯

材料

燕麥…3 大匙（30g）

櫛瓜…¼ 根（30g）▶ 切成 1cm 丁塊狀

芹菜…20g ▶ 切成 1cm 丁塊狀

胡蘿蔔…⅙ 根（20g）▶ 切成 1cm 丁塊狀

香腸…2 條（30g）▶ 切成 1cm 厚度

咖哩粉…½ 小匙

高湯粉…½ 小匙

橄欖油…½ 大匙

鹽巴、胡椒…各少許

水…¾ 杯

製作方法

1– 預熱

把熱水倒進燜燒罐，關上蓋子預熱。

2– 拌炒 & 烹煮

用鍋子加熱橄欖油，放進櫛瓜、芹菜、胡蘿蔔、香腸，拌炒出光澤後，加入咖哩粉，進一步拌炒。加入指定分量的水、高湯粉、燕麥，改用大火加熱，沸騰後，改用中火進一步加熱 2 分鐘，以鹽巴、胡椒調味。

3– 裝進燜燒罐

把步驟 **1** 燜燒罐中預熱的熱水倒掉，倒入步驟 **2** 的食材，關緊蓋子，放置 2 小時以上。

誘出食材美味的鹽麴是關鍵！

魩仔魚蔬菜鹽麴粥

材料

米…3 大匙（36g）
魩仔魚魚乾…15g
蘿蔔…1cm（20g）
▶ 切成 2cm 長的細絲
白菜…⅓ 片（30g）
▶ 切成 2cm 長的細絲
香菇…1 朵
▶ 切對半後，切片
鹽麴…2 小匙
熱水…適量

製作方法

1– 洗米

把白米放進燜燒罐，倒入淹過食材的水，關上蓋子，上下晃動。

2– 食材和燜燒罐的預熱

打開燜燒罐的蓋子，把濾網平貼在罐口，在防止食材溢出的情況下，倒掉罐裡的水，加入蘿蔔、白菜、香菇、魩仔魚，倒進淹過食材的熱水，關上蓋子預熱。

3– 瀝乾 & 裝熱水

2 分鐘後，掀開步驟 **2** 的蓋子，把濾網平貼在罐口，在防止食材溢出的情況下，倒掉罐裡的熱水，依序加入鹽麴、熱水（直到內側的標準線），進一步攪拌，關緊蓋子，放置 3 小時以上。

COLUMN 1

便當配菜和蓋飯主菜

為您介紹便當的配菜，以及在白飯上面鋪上主菜的蓋飯料理。

（副菜）

豆腐漢堡

材料

木綿豆腐…1/6 塊（50g）▶用廚房紙巾包裹，瀝水 10 分鐘
牛絞肉…50g
A | 洋蔥…1/8 顆（20g）▶切末
 | 鹽巴、胡椒…各少許
B | 蛋液…1 大匙
 | 麵包粉…1 大匙
沙拉油…1 小匙
〈醬料〉
番茄醬…1 大匙
伍斯特醬…1 小匙
水…2 大匙▶充分攪拌

製作方法

1– 把絞肉、A 材料放進調理碗，充分攪拌直到發黏，然後加入豆腐、B 材料充分攪拌，捏成 2 等分的橢圓狀。
2– 用平底鍋加熱沙拉油，把步驟 1 的漢堡肉排放進鍋裡，把表面煎 3 分鐘，蓋上鍋蓋，用小火把背面煎 6 分鐘左右。
3– 加入醬料的材料，用小火烹煮，讓漢堡肉充分裹上醬料，收乾。

米蘭鮭魚排

材料

鮭魚塊…1 塊（80g）▶用廚房紙巾把水瀝乾，切成對半
雞蛋…1/2 顆
起司粉…1 大匙
香芹…1 大匙▶切末
鹽巴、胡椒…各少許
小麥粉…適量
橄欖油…1 小匙

製作方法

1– 把雞蛋打成蛋液，加入起司粉、香芹攪拌。鮭魚抹上鹽巴、胡椒，裹上一層小麥粉，再裹上蛋液。
2– 2 用平底鍋加熱橄欖油，放進步驟 1 的鮭魚香煎。煎出焦色後，翻面，蓋上鍋蓋，悶煎 1 ～ 2 分鐘。

蔬菜豬肉捲

材料

豬腿肉肉片…4 片（80g）
四季豆…2 根（16g）
▶去老筋，切對半
蘿蔔…1/4根（30g）▶切成與四季豆相同的長度和粗度
小麥粉…適量
A | 醬油、味醂
 | …各1/2 大匙
芝麻油…1 小匙

製作方法

1– 烹煮蘿蔔、四季豆，用濾網撈起瀝乾。
2– 把 2 片豬肉稍微重疊攤平，把步驟 1 的一半分量放在外側，捲起之後，在表面撒上少許小麥粉。以同樣的方式，再製作一個。
3– 用平底鍋加熱芝麻油，把步驟 2 的肉捲尾端朝下，放進平底鍋裡香煎。呈現焦色後，一邊滾動，一邊把整體煎成焦色。加入 A 材料烹煮，使肉捲呈現醬燒色澤。稍微放涼後，切成容易食用的大小。

蓋飯主菜

炒雞肉

材料

雞腿肉…70g
▶去除油脂，切成一口大小
蔥…½ 根（40g）▶切成3cm 長，並切出1～2道刀痕
青椒…1 顆（30g）
▶切成一口大小的滾刀切
芝麻油…1 小匙
七味粉…適量
〈醬料〉
砂糖…½ 小匙
醬油、味醂…各½ 大匙
酒…2 小匙

製作方法

1– 用平底鍋加熱芝麻油，雞皮朝下放進鍋裡，加入青蔥，把兩面煎成焦色。加入青椒拌炒，直到青椒呈現出光澤。

2– 加入醬汁材料，沸騰之後，持續烹煮 3～4 分鐘，收乾湯汁，撒上七味粉。

牛肉壽喜煮

材料

牛肉薄片…80g
香菇…1 朵▶切片
洋蔥…⅙ 顆（30g）▶切成 7～8mm 厚的梳形切片
菠菜…4 株（80g）
芝麻油…1 小匙
紅薑…適量
〈醬料〉
高湯…⅓ 杯
醬油…2 小匙
味醂、砂糖、酒…各 1 小匙

製作方法

用平底鍋加熱芝麻油，放進牛肉和洋蔥拌炒。洋蔥變得通透後，加入湯汁的材料和香菇，把湯汁收乾一半。菠菜汆燙後泡水，瀝乾水分後，切成 3cm 長。附上紅薑。

聖羅勒 & 水煮蛋

材料

雞絞肉…60g
洋蔥…⅛ 顆（20g）▶切碎
青椒…1 顆（30g）
▶切成 1cm 丁塊狀
甜椒（紅、黃）…各⅙ 顆（各 20g）▶切成 1cm 丁塊狀
羅勒…5g ▶撕碎
A | 蒜頭……½ 塊 ▶切末
　| 辣椒…⅓ 根 ▶小口切
B | 魚露、酒…各1 小匙
　| 蠔油…½ 小匙
　| 砂糖…少於 1 小匙
橄欖油…1 小匙
水煮蛋（切片）…⅓ 顆

製作方法

1– 把橄欖油和 A 材料放進平底鍋裡加熱，產生香氣後，加入洋蔥和絞肉，一邊揉開，一邊拌炒。肉的顏色改變後，加入甜椒、青椒，持續翻炒至呈現出光澤。

2– 加入 B 材料，用略大的中火收乾湯汁，加入羅勒，快速翻炒後，關火。隨附上水煮蛋。

※ 白飯為示意圖。

PART 2

溫暖身體的效果&健康！溫、冷湯

溫、冷湯的關鍵在於調理步驟和食材挑選！

正因為中午時刻可以品嚐到熱騰騰的湯品，所以燜燒罐才會成為午餐便當的熱門餐具。其實除了熱湯之外，燜燒罐也很擅長冷湯的製作！請挑選低熱量且營養豐富的食材，享受全新創意的湯品午餐吧！

POINT 製作方法的重點

1– 燜燒罐的預熱和食材的加熱是基本

若要維持燜燒罐的保溫時間，燜燒罐的預熱和食材的加熱就是關鍵所在。只要前一天把食材切好，就可以縮短早晨的調理時間。

2– 食材的調理就交給燜燒罐

就算是不容易熟透的食材，只要快速烹煮過，再放進燜燒罐就可以了。剩下的調理步驟就交給燜燒罐，慢慢保溫燜燒至午餐時間吧！

冷

1– 從前一晚開始，把燜燒罐放進冰箱

製作美味冷湯的訣竅就是，徹底發揮出燜燒罐的保冷功能。燜燒罐蓋上內蓋，從前一天開始，放進冰箱裡冷卻吧！

2– 食材、湯也都要預先冷藏

只要預先把切好的食材，調味過的高湯或湯汁放進冰箱冷藏，隔天早上只要放進燜燒罐裡就行了。就算經過 6 小時，同樣能夠維持冰涼。

1– 不管是燜燒罐，還是食材，全都要預先加熱。

2– 把食材倒進燜燒罐裡，慢慢保溫燜燒。

1– 燜燒罐要放進冰箱預冷！

2– 食材和湯都要先冷藏，事前準備就這麼簡單。

適合作為湯品食材的瘦身食材

低熱量且高蛋白質的豆類、鈣和鎂等礦物質與食物纖維豐富的海藻類、食物纖維的寶庫，同時可提高飽足感的根莖菜類或蒟蒻，全都是相當適合用來製作午餐湯品的瘦身食材。易溶於水的維他命等營養素，也可以連同湯一起攝取，不會有半點流失。

裝滿豆類和菇類的濃湯

海軍豆、香菇巧達濃湯

材料

海軍豆（水煮）
…50g（製作方法參考 p.71）

鴻禧菇…20g ▶ 撕成一條條

香菇…1 朵 ▶ 切片

火腿…1 片（15g）▶ 切成 5mm 片狀

洋蔥…1/16 個（10g）▶ 切末

A ｜ 高湯粉…1/2 小匙
　｜ 水…1/3 杯

牛奶…1/2 杯

奶油…5g

鹽巴、胡椒…各少許

香芹…適量 ▶ 切末

使用p.71的
水煮海軍豆

製作方法

1– 預熱

把熱水倒進燜燒罐，關上蓋子預熱。

2– 拌炒 & 烹煮

把奶油和洋蔥放進鍋裡加熱，加入鴻禧菇、香菇和火腿粗略拌炒。加入海軍豆、A 材料，烹煮至沸騰後，利用鹽巴、胡椒調味，關火。

3– 裝進燜燒罐

把步驟 1 燜燒罐中預熱的熱水倒掉，倒入步驟 2 的湯，再加上香芹，關緊蓋子。

豐富魚貝鮮味的奢華湯品

鮮蝦、鱈魚、花椰菜的馬賽魚湯

材料

鮮蝦（剝殼）…3 尾（36g）
　▶ 剝殼、去沙腸
鱈魚…½ 塊（40g）▶ 切對半
花椰菜…40g ▶ 分成小朵
番茄…¼ 顆（50g）▶ 切碎
洋蔥…⅛ 顆（20g）▶ 切片
蒜頭…½ 塊 ▶ 切片
鹽巴、胡椒…各少許
百里香…1 枝
橄欖油…½ 大匙
水…½ 杯

製作方法

1－ 預熱

把熱水倒進燜燒罐，關上蓋子預熱。

2－ 拌炒 & 烹煮

把橄欖油、蒜頭、洋蔥放進平底鍋加熱，產生香氣後，加入番茄，拌炒均勻。加入剩下的材料烹煮，用鹽巴、胡椒調味，關火。

3－ 裝進燜燒罐

把步驟 1 燜燒罐中預熱的熱水倒掉，倒入步驟 2 的湯，關緊蓋子。

預先準備的蔬菜只要瀝乾就OK！

蔬菜咖哩湯

材料

鮪魚罐（水煮）

…1小罐（70g）▶瀝掉罐頭湯汁

茄子…½條（30g）▶切成1cm厚的半月切

花椰菜…2朵（30g）▶分成小朵

甜椒（紅）…¼顆（30g）

▶切成1cm丁塊狀

洋蔥…⅛顆（20g）▶切成1cm丁塊狀

A | 咖哩粉…⅓小匙
高湯粉…½小匙
鹽巴、胡椒…各少許
披薩用起司…10g

熱水…適量

製作方法

1– 食材和燜燒罐的預熱

把A材料以外的材料放進燜燒罐，倒進淹過食材的熱水，關上蓋子預熱。

2– 瀝湯 & 倒熱水

經過2分鐘後，打開蓋子，把濾網平貼在罐口，在避免食材溢出的情況下，倒掉罐裡的熱水，加入A材料，接著加入熱水直到內側的標準線，粗略攪拌後，關緊蓋子。

擔仔麵愛好者愛不釋手的美味

炒蔬菜芝麻味噌湯

材料

小松菜…1 株（30g）
▸ 切成 3cm 長
豆芽菜…40g ▸ 去除根鬚
胡蘿蔔…¼ 根（30g）▸ 便籤切
A | 白芝麻粉…1 大匙
味噌…2 小匙
薑…½ 塊 ▸ 切絲
高湯…1 杯
沙拉油…1 小匙

製作方法

1– 預熱

把熱水倒進燜燒罐，關上蓋子預熱。

2– 拌炒 & 烹煮

把沙拉油和薑放進鍋裡加熱，加入胡蘿蔔，拌炒至呈現光澤後，加入小松菜、豆芽菜粗略拌炒。加入高湯，改用大火烹煮，沸騰之後，溶入 A 材料，關火。

3– 裝進燜燒罐

把步驟 1 燜燒罐中預熱的熱水倒掉，倒入步驟 2 的湯，關緊蓋子。

誘出食材美味的簡單湯品

高麗菜培根番茄湯

材料

高麗菜…2 小片（80g）▶撕成一口大小
培根…1 片（20g）▶切成 1cm 寬
番茄…¼ 顆（50g）▶切成 3 ～ 4 等分的梳形切
A｜高湯粉…½ 小匙　鹽巴、胡椒…各少許
橄欖油…⅓ 小匙
熱水…適量

製作方法

1– 食材和燜燒罐的預熱
把高麗菜、培根、番茄放進燜燒罐，倒進淹過食材的熱水，關上蓋子預熱。

2– 瀝湯 & 倒熱水
經過 2 分鐘後，把步驟 **1** 的蓋子打開，把濾網平貼在罐口，在避免食材溢出的情況下，倒掉罐裡的熱水，加入 **A** 材料，接著加入熱水直到內側的標準線，粗略攪拌後，淋入橄欖油，關緊蓋子。

如有鯖魚罐，就可以快速搞定！

鯖魚蘿蔔味噌湯汁

材料

鯖魚罐（水煮）…⅓ 罐（60g）▶瀝乾罐頭湯汁
蘿蔔…2cm（40g）▶切成 3 ～ 4cm 長的細絲
薑…½ 塊▶切絲
鴨兒芹…1 把（20g）▶切成 3cm 長
味噌…½ 大匙
七味粉…適量
熱水…適量

製作方法

1– 食材和燜燒罐的預熱
把鯖魚、蘿蔔、薑放進燜燒罐，倒進淹過食材的熱水，關上蓋子預熱。

2– 瀝湯 & 倒熱水
經過 2 分鐘後，把步驟 **1** 的蓋子打開，把濾網平貼在罐口，在避免食材溢出的情況下，倒掉罐裡的熱水，加入味噌、鴨兒芹，接著加入熱水直到內側的標準線，粗略攪拌後，撒上七味粉，關緊蓋子。

152 kcal

櫻花蝦的風味和煎蛋最為速配

櫻花蝦煎蛋湯

材料

雞蛋…1 顆 ▶ 打成蛋液
櫻花蝦…3g
蔥…3cm（4g）▶ 蔥花
青江菜…2 ～ 3 片（40g）
▶ 斜切成 2cm 長
A | 雞湯粉…½ 小匙
醬油…½ 小匙
鹽巴、胡椒…各少許
芝麻油…½ 大匙
水…1 杯

製作方法

1– 預熱

把熱水倒進燜燒罐，關上蓋子預熱。

2– 拌炒 & 烹煮

把芝麻油、櫻花蝦、蔥放進鍋裡加熱，拌炒至產生香氣為止。倒進蛋液，一邊烹煮，雞蛋呈現半熟狀後，把雞蛋集中到鍋子中央，煎煮出焦色。加入指定分量的水和 A 材料、青江菜，沸騰後，用木鏟等把煎蛋切割成大塊，利用鹽巴、胡椒調味，關火。

3– 裝進燜燒罐

把步驟 1 燜燒罐中預熱的熱水倒掉，倒入步驟 2 的湯，關緊蓋子。

以 大 豆 異 黃 酮 的 效 果 ， 提 升 女 性 魅 力

豆漿雜燴湯

材料

原味豆漿…½ 杯

蘿蔔…1.5cm（30g）

▶ 切成 5mm 厚的銀杏切

胡蘿蔔…⅙ 根（20g）

▶ 切成 5mm 厚的銀杏切

油炸豆腐…1 小塊（20g）

▶ 切成 4 ～ 6 等分

薑…½ 塊▶ 切絲

味噌…½ 大匙

芝麻油…1 小匙

珠蔥…適量▶ 蔥花

水…½ 杯

製作方法

1– 預熱

把熱水倒進燜燒罐，關上蓋子預熱。

2– 拌炒 & 烹煮

把芝麻油、薑放進鍋裡加熱，拌炒至產生香氣後，加入胡蘿蔔、蘿蔔、油炸豆腐，拌炒至呈現出光澤。加入指定分量的水，沸騰後，溶入味噌，加入豆漿，在沸騰的時候關火。

3– 裝進燜燒罐

把步驟 **1** 燜燒罐中預熱的熱水倒掉，倒入步驟 **2** 的湯，放進珠蔥，關緊蓋子。

麻辣口感的韓國美味湯品

韓式牛肉湯

材料

牛肉薄片…50g

▶ 如果過大，就切成對半

A | 醬油…½ 小匙
辣椒粉…1 小匙
（如果沒有，就用一味粉）

黃豆芽…50g ▶ 去除根鬚

韭菜…¼ 把（20g）▶ 切成 3cm 長

B | 雞湯粉…½ 小匙
水…¾ 杯

味噌…½ 小匙

白芝麻…2 小匙

芝麻油…1 小匙

製作方法

1– 預熱和事前準備

把熱水倒進燜燒罐，關上蓋子預熱。牛肉用 **A** 材料醃漬。

2– 拌炒 & 烹煮

用鍋子加熱芝麻油，放入步驟 **1** 的牛肉翻炒。肉的顏色改變後，加入 **B** 材料烹煮。加入黃豆芽、味噌、芝麻、韭菜，粗略攪拌，沸騰之後，關火。

裝進燜燒罐

3– 把步驟 **1** 燜燒罐中預熱的熱水倒掉，倒入步驟 **2** 的湯，關緊蓋子。

鎖住柚子胡椒的麻辣感

豬肉薯蕷柚子胡椒湯

材料

豬肉薄片…40g ▶切碎

薯蕷…6cm（60g）▶切成 7 ～ 8mm 厚的銀杏切

水菜…1 小株（20g）▶切成 3cm 長

柚子胡椒…½ 小匙

A｜涼麵沾醬（2 倍濃縮）…1 小匙　水…¾杯

芝麻油…1 小匙

製作方法

1– 預熱

把熱水倒進燜燒罐，關上蓋子預熱。

2– 拌炒 & 烹煮

用鍋子加熱芝麻油，翻炒豬肉。肉的顏色改變後，加入薯蕷、A 材料，沸騰之後，加入柚子胡椒、水菜後，關火。

3– 裝進燜燒罐

把步驟 1 燜燒罐中預熱的熱水倒掉，倒入步驟 2 的湯，關緊蓋子。

榨菜是決定味道的關鍵！

香菇榨菜中華湯

材料

香菇…1 朵▶切片

金針菇…30g ▶長度切成一半後，揉開

榨菜（罐裝）…30g ▶切絲

雞絞肉…40g

豆苗…30g ▶切成 3cm 長

芝麻油…1 小匙

A｜雞湯粉…½ 小匙
　｜酒…1 小匙　水…¾ 杯

醬油…½ 小匙

辣油…適量

製作方法

1– 預熱

把熱水倒進燜燒罐，關上蓋子預熱。

2– 拌炒 & 烹煮

用鍋子加熱芝麻油，放進絞肉，結塊的豬肉呈現出焦色後，粗略揉散。加入榨菜和香菇拌炒，加入 A 材料，沸騰後，用醬油調味，加入豆苗，關火。

3– 裝進燜燒罐

把步驟 1 燜燒罐中預熱的熱水倒掉，倒入步驟 2 的湯，加入辣油，關緊蓋子。

韭菜和豆腐的正統豆腐大醬湯

豆腐大醬湯

材料

嫩豆腐…1/6塊（50g）
▶剝成一口大小
白菜泡菜…50g ▶切成大塊
韭菜…1/4束（20g）
▶切成2cm長
雞湯粉…1/2小匙
味醂…1/2小匙
味噌…1/2小匙
芝麻油…1/3小匙
水…180mℓ

製作方法

1– 預熱

把熱水倒進燜燒罐，關上蓋子預熱。

2– 烹煮

把指定分量的水、豆腐、泡菜、雞湯粉放進鍋裡，加熱烹煮。溶入味醂和味噌，沸騰後，加入韭菜，關火。

3– 裝進燜燒罐

把步驟**1**燜燒罐中預熱的熱水倒掉，倒入步驟**2**的湯，加入芝麻油，關緊蓋子。

和麥飯相當對味的宮崎縣鄉土料理

冷湯

材料

鮪魚罐（水煮）…1 小罐（70g）
黃瓜…½ 根（40g）▶ 切片
秋葵…3 根（30g）
▶ 汆燙後小口切
蘘荷…1 個（15g）
▶ 縱切成對半後，橫切成片
青紫蘇…2 片 ▶ 切絲
A 白芝麻…1 大匙
味噌…½ 大匙
醬油、味醂…各½ 小匙
冷水…適量

製作方法

1– 預冷

蓋上燜燒罐的內蓋，放進冰箱充分冷藏。

2– 攪拌

把 A 材料放進調理碗裡，攪拌至柔滑程度，鮪魚罐連同鮪魚和湯汁一起倒入，剩下的材料也加入攪拌。

3– 裝進燜燒罐

把步驟 2 的食材放進步驟 1 預冷的燜燒罐裡，加入冷水直到內側的標準線，粗略攪拌後，關緊蓋子。

梅子和番茄的美味夏食

梅子番茄蛋花湯

材料

梅乾…1 小顆 ▶ 切成對半
番茄…½ 顆（80g）▶ 切碎
溫泉蛋…1 顆（製作方法參考 p.78）
萵苣…1 片（20g）▶ 切絲
薑泥…1 小匙
鹽昆布…1 撮
涼麵沾醬（2 倍濃縮）…1 小匙
高湯…⅔ 杯

製作方法

1— 預冷和事前準備

蓋上燜燒罐的內蓋，放進冰箱充分冷藏。高湯也要冷藏。

2— 放進燜燒罐

依序把番茄、萵苣、梅乾、溫泉蛋放進預冷的燜燒罐裡，加入鹽昆布、涼麵沾醬、高湯、薑攪拌，關緊蓋子。

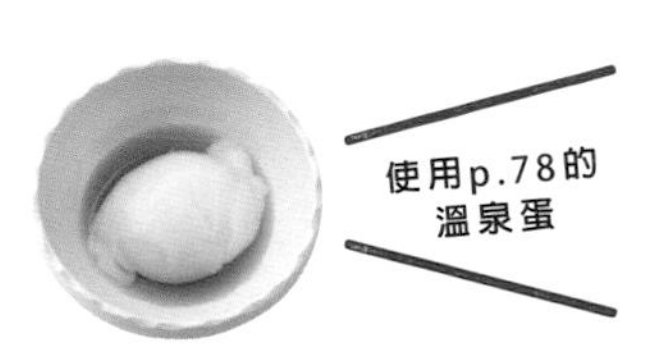

使用p.78的溫泉蛋

夏季食欲不佳的最佳藥膳湯

裙帶菜黃瓜韓式湯

材料

鹽藏裙帶菜…20g
 ▶用活水沖掉鹽巴後，切成大塊
黃瓜…½ 根（40g）
 ▶縱切成對半，斜切成薄片
白菜泡菜…30g ▶切大塊
蒜泥…⅓ 小匙
白芝麻…2 小匙
醬油…1 小匙
砂糖…1 小撮
雞湯粉…¼ 小匙
芝麻油…½ 小匙
冷水…適量

製作方法

1－ 預冷

蓋上燜燒罐的內蓋，放進冰箱充分冷藏。

2－ 攪拌

把冷水以外的所有材料放進調理碗，用夾子等道具充分攪拌均勻。

3－ 裝進燜燒罐

把步驟 **2** 的食材放進步驟 **1** 預冷的燜燒罐裡，加入冷水直到內側的標準線，粗略攪拌後，關緊蓋子。

視覺美麗、美容效果滿點的湯

甜椒黃瓜優格湯

材料

原味優格…¾ 杯（150g）

甜椒（紅、黃）…各⅙ 顆（20g）

▶ 切成 1cm 丁塊狀

黃瓜…½ 根（40g）▶ 縱切成對半，切成 7 ～ 8mm 厚的半月切

薄荷葉…1 小撮 ▶ 撕碎

高湯粉…½ 小匙

湯…¼ 杯

A ｜ 檸檬汁…1 小匙
　｜ 橄欖油…½ 小匙

鹽巴…少許

製作方法

1－ 預冷和事前準備

蓋上燜燒罐的內蓋，放進冰箱充分冷藏。高湯粉用熱水溶解，放涼後，放進冰箱冷藏。

2－ 攪拌

把優格和 A 材料放進調理碗裡充分攪拌，用鹽巴調味。加入步驟 **1** 的高湯和剩下的材料，粗略攪拌。

3－ 裝進燜燒罐

把步驟 **2** 的食材放進步驟 **1** 預冷的燜燒罐裡，關緊蓋子。

COLUMN
2 自由創意！萬能醬料

為您介紹日式、西式、中式料理可使用的萬能醬料。
可以直接使用，也可以作為調味料使用……。
每種醬料的味道都很獨特，不僅適合湯品，
搭配白飯、義大利麵、蔬菜也十分對味，
如果當成熱炒的醬料，也十分便利！…三兩下就能做出一道料理。
這些醬料可以在冰箱保存一星期。製作起來備用吧！

適合西式小菜的鮮味醬料
番茄醬料

材料（容易製作的份量）
番茄泥…2 大匙（30g）
番茄醬…1 大匙
蒜頭…1 塊 ▶切末
起司粉…1 大匙
高湯粉…1 小匙
鹽巴、胡椒…各少許
製作方法
把全部的材料放進調理碗，充分攪拌。

ARRANGE
拌入調理過的肉、魚類。就可以當成湯底，
或是義大利麵的肉醬。

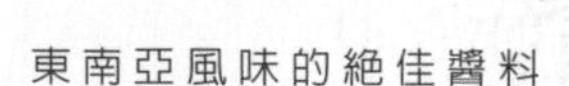
東南亞風味的絕佳醬料
咖哩醬料

材料（容易製作的份量）
咖哩粉…1 大匙
蠔油…½ 大匙
魚露…2 小匙
砂糖…½ 大匙
酒…1 小匙
製作方法
把全部的材料放進調理碗，充分攪拌。

ARRANGE
也可以當成熱炒、蒸肉、蔬菜的醬料。

讓中華料理更簡單！

苦椒醬

材料（容易製作的份量）

苦椒醬…2 大匙
蒜泥…1 小匙
薑泥…½ 小匙
醬油、味醂…各½ 小匙
醋…¼ 小匙

製作方法

把全部的材料放進調理碗，充分攪拌。

ARRANGE

可作為拉麵提味之用。也可搭配熱炒，或加上甜味噌，製成麻婆豆腐。

靠鹽麴的力量增添鮮味

鹽麴蔥醬料

材料（容易製作的份量）

蔥…⅓ 根（20g）▶蔥花
鹽麴…2 大匙
雞湯粉…½ 小匙
醬油…½ 小匙
味醂…1 小匙
芝麻油…1 大匙

製作方法

把全部的材料放進調理碗，充分攪拌。

ARRANGE

可用來製作湯、沙拉、熱炒。也可以作為蒸蔬菜或肉的沾醬。

全量
146
kcal

適合所有的日式料理！

昆布薑醬料

材料（容易製作的份量）

鹽昆布…10g ▶切末
薑泥…2 大匙
味醂、醬油…各 1 小匙
芝麻油…1 大匙

製作方法

把全部的材料放進調理碗，充分攪拌。

ARRANGE

可以搭配白飯、豆腐和納豆。拌蒸蔬菜。也可以為湯品提味。

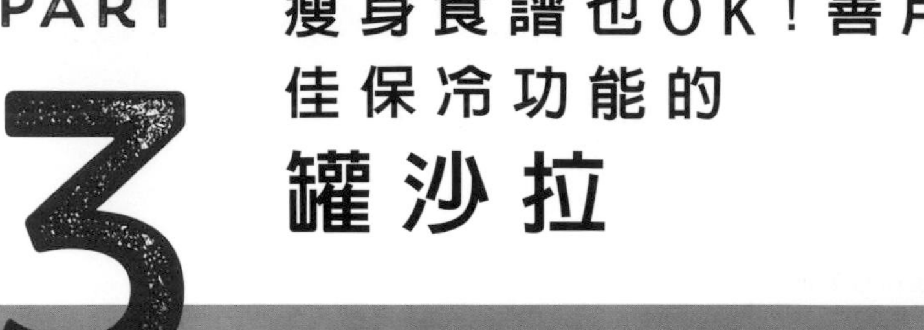

PART 3 瘦身食譜也OK！善用絕佳保冷功能的 罐沙拉

試著製作清脆的沙拉吧！

說到含有各種蔬菜和食材，最近相當熱門的罐沙拉，可以 6 小時持續維持 13 度以下溫度的燜燒罐的保冷功能最為適合！…為您介紹，新鮮沙拉加上白飯、麥飯、雜穀等主食的套餐料理。

POINT 製作方法的重點

1– 預冷熱水消毒過的燜燒罐

製作冰冷料理的時候，燜燒罐務必要用熱水消毒，並充分晾乾，這是最基本的事情。之後，請關上內蓋，從前一夜開始放進冰箱冷藏。

2– 沙拉的食材、沙拉醬也要預冷！

生蔬菜切好後，必須加熱的食材放涼後，連同沙拉醬、調味醬料一起放進冰箱冷藏。只要在前一晚備妥，早上的準備就更加輕鬆了！

3– 首先，先放進沙拉醬吧！

把沙拉醬等液體放在燜燒罐的最底部，是讓罐沙拉更加美味的訣竅。

4– 從較硬的食材開始放入，菜葉留到最後

增添鮮味的食材、偏硬的食材要裝填在底部。越輕的食材就越往上層擺放，菜葉食材則擺放在最上層。徒手處理沙拉等生食，會有沾染細菌等疑慮，所以請使用乾淨的調理道具。

5– 品嚐之前先把燜燒罐倒放過來！

要讓底部的沙拉醬均勻遍布於整體，把燜燒罐顛倒放置是最好的方法。讓所有食材可以均勻地裹上沙拉醬，是美味品嚐的訣竅。為了防止腐敗，請務必在 6 小時之內食用完畢。

1– 燜燒罐放進冰箱冷藏。

2– 食材預先處理過後，放進冰箱。

3– 先放入沙拉醬。

4– 先放堅硬的食材，菜葉則放在最上方。

5– 品嚐的時候，把燜燒罐倒放過來！

蘿蔔乾豬肉片沙拉

鮮蝦酪梨的
咖哩飯沙拉

360
kcal

把蘿蔔乾做成沙拉！

蘿蔔乾豬肉片沙拉

材料

蘿蔔乾…10g

涮涮鍋用豬肉片…30g

番茄…⅓ 顆（60g）▶ 切成一口大小

花椰菜…50g ▶ 分成小朵

水菜…½ 小株（10g）▶ 切段

〈醬料〉

柚子醋醬油…4 小匙

美乃滋…1 ½ 大匙

辣油…⅓～¼ 小匙

薑泥…1 小匙

製作方法

1– 預冷

蓋上燜燒罐的內蓋，放進冰箱充分冷藏。

2– 預先處理

蘿蔔乾泡水 10 分鐘，泡軟之後，把水瀝乾。豬肉快速烹煮，花椰菜烹煮 1～2 分鐘後，把熱水瀝乾。依序加入美乃滋、辣油、薑泥等醬料的材料，接著慢慢加入柚子醋，一邊充分攪拌。和剩下的材料一起放進冰箱冷藏。

3– 裝進燜燒罐

依序把步驟 **2** 的醬料、蘿蔔乾、番茄、花椰菜、豬肉、水菜，放進步驟 **1** 預冷的燜燒罐裡，關緊蓋子。

大量的主食和蔬菜！

鮮蝦酪梨的咖哩飯沙拉

拌白飯醬料

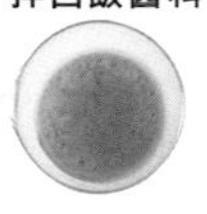

材料

鮮蝦…4 尾（50g）▶ 剝殼、去沙腸

酪梨…½ 小顆（50g）

▶ 切成 1.5cm 丁塊狀

熱飯…80g

黃瓜…½ 根（40g）▶ 切成 1cm 丁塊狀

萵苣…½ 片（10g）▶ 切絲

黑橄欖（切片）…20g

〈白飯醬料〉

壽司醋…1 大匙

咖哩粉…½ 小匙

橄欖油…1 小匙

▶ 充分攪拌

製作方法

1– 預冷

蓋上燜燒罐的內蓋，放進冰箱充分冷藏。

2– 預先處理

鮮蝦汆燙瀝乾。把白飯、醬料放進調理碗裡攪拌。整體放涼後，連同剩下的材料一起放進冰箱冷藏。

3– 裝進燜燒罐

依序把步驟 **2** 的白飯、黃瓜、酪梨、橄欖、鮮蝦、萵苣，放進步驟 **1** 預冷的燜燒罐裡，關緊蓋子。

基於拍攝，罐沙拉是以攪拌後的狀態進行拍攝。照片上的編號是把材料放進罐裡的順序。

非洲料理古斯米也和話題性的沙拉相當速配！

雞柳古斯米的碎沙拉

材料

古斯米…2 大匙（30g）
高湯粉…½ 小匙
雞柳…1 條（50g）
▶抹上鹽巴、胡椒，切成 1.5cm 丁塊狀
橄欖油…½ 小匙
黃瓜…多於½ 根（50g）　芹菜…20g
甜椒（黃）…⅓ 顆（40g）
▶切成 1cm 丁塊狀
小番茄…3 顆（30g）▶切成 2 ～ 4 等分
生菜…1 片▶撕碎

〈沙拉醬〉

起司粉…2 小匙　砂糖…½ 小匙
橄欖油、檸檬汁…各½ 大匙
鹽巴、胡椒…各少許▶充分攪拌

製作方法

1– 預冷

蓋上燜燒罐的內蓋，放進冰箱充分冷藏。

2– 預先處理

把古斯米放進調理碗，加入高湯粉 1 ½ 大匙的熱水，粗略攪拌，覆蓋上保鮮膜，放置 10 分鐘左右。雞柳放進橄欖油預熱的平底鍋，把兩面煎熟，放涼。沙拉醬連同剩下的材料一起放進冰箱冷藏。

3– 裝進燜燒罐

古斯米和沙拉醬拌勻，放進步驟 **1** 預冷的燜燒罐裡，依序放入黃瓜、甜椒、芹菜、雞柳、小番茄、生菜，關緊蓋子。

基於拍攝，罐沙拉是以攪拌後的狀態進行拍攝。照片上的編號是把材料放進罐裡的順序。

明明富含維他命，卻有著甜點般的味道

鮮豔蔬菜的奶油起司沙拉

材料

南瓜…切成四等分的⅙顆（60g）
▶切成一口大小的滾刀塊
番薯…⅙條（50g）
▶切成一口大小的滾刀塊
奶油起司…15g▶切成骰子狀
柑橘…⅓顆（40g）▶切成一口大小
胡蘿蔔…⅙根（20g）▶切絲
核桃（乾煎）…10g▶切碎

〈沙拉醬〉
原味優格…2大匙
芥末粒…1小匙
蜂蜜、檸檬汁…各½大匙
▶充分攪拌

製作方法

1－預冷
蓋上燜燒罐的內蓋，放進冰箱裡充分冷藏。

2－預先處理
南瓜和番薯放在耐熱盤上，淋上1小匙的水，輕輕蓋上保鮮膜，用微波爐加熱2分30秒～3分鐘後，放涼。沙拉醬連同剩下的材料一起放進冰箱冷藏。

3－裝進燜燒罐
依序把步驟**2**的沙拉醬、胡蘿蔔、南瓜和番薯、柑橘、奶油起司、核桃，放進步驟**1**預冷的燜燒罐裡，關緊蓋子。

以沙拉口感享受主食的午餐

大豆糯麥的顆粒沙拉

材料

大豆（水煮）…40g（製作方法參考 p.68）
▶ 瀝水
糯麥…2 大匙（24g）
芝麻油…½ 小匙
四季豆…5 小根（30g）
小番茄…4 顆（40g）▶ 切對半
蟹味棒…4 條（30g）▶ 切成對半，揉散
青紫蘇…3 ～ 4 片▶ 切絲

〈沙拉醬〉

薑泥…1 小匙
柚子醋醬油…2 小匙
美乃滋…2 小匙
▶ 充分攪拌

使用p.68的水煮大豆

製作方法

1– 預冷

蓋上燜燒罐的內蓋，放進冰箱充分冷藏。

2– 預先處理

糯麥用沸騰的熱水烹煮 10 ～ 15 分鐘後，瀝乾熱水，淋上芝麻油。四季豆汆燙後，切成 3cm 長。所有食材放涼後，把沙拉醬連同剩下的材料一起放進冰箱冷藏。

3– 裝進燜燒罐

依序把步驟 **2** 的沙拉醬、大豆、蟹味棒、四季豆、糯麥、小番茄、青紫蘇，放進步驟 **1** 預冷的燜燒罐裡，關緊蓋子。

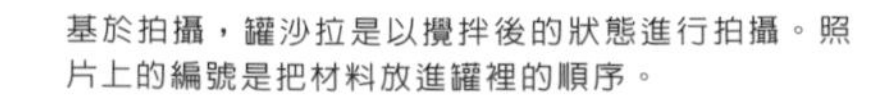
基於拍攝，罐沙拉是以攪拌後的狀態進行拍攝。照片上的編號是把材料放進罐裡的順序。

善用螺旋麵嚼勁的義大利麵沙拉

螺旋麵普羅旺斯雜燴沙拉

材料

螺旋麵（短麵）…20g
橄欖油…½ 小匙
甜椒（紅）…⅓ 顆（40g）▶ 橫切成細條
鴻禧菇…50g ▶ 分成小朵
花椰菜…2 朵（30g）
　▶ 分成小朵，切成對半
玉米粒…3 大匙（30g）
馬自拉乳酪…⅓ 顆（20g）▶ 切成一口大小

〈番茄醬〉

番茄…1 小顆（150g）▶ 磨成泥
A｜蒜泥…½ 小匙
　｜高湯粉…1 小匙
鹽巴、胡椒…各少許
橄欖油…½ 小匙

製作方法

1– 預冷

蓋上燜燒罐的內蓋，放進冰箱充分冷藏。

2– 預先處理

把熱水放進鍋裡煮沸，放進鹽巴（份量外），依照包裝指示烹煮義大利麵，裹上橄欖油（在即將烹煮完成前的 1 分鐘，把花椰菜和鴻禧菇也一起丟進烹煮）。接著製作番茄醬，把番茄、A 材料放進耐熱調理碗，蓋上保鮮膜，用微波爐加熱 1 分 30 分鐘，再用鹽巴、胡椒調味。加入橄欖油後，在沒有保鮮膜的情況下，進一步用微波爐加熱 1 分 30 秒。所有食材放涼後，連同剩下的材料一起放進冰箱冷藏。

3– 裝進燜燒罐

依序把步驟 **2** 醬料、鴻禧菇、甜椒、起司、義大利麵、玉米、花椰菜，放進步驟 **1** 預冷的燜燒罐裡，關緊蓋子。

※ 義大利麵久置會變軟，請盡早食用完畢。

燕麥最適合作為沙拉食材！

菠菜、高麗菜、大麥的拌芝麻沙拉

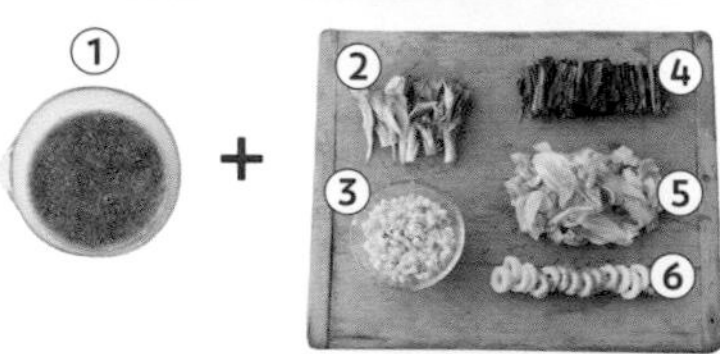

材料

菠菜…3 株（60g）

高麗菜…多於 1 片（60g）▶去除菜梗，切成 1cm 寬度

燕麥…2 大匙（20g）

舞茸…40g ▶撕成小朵

竹輪…1 條（25g）▶切片

A｜柚子醋醬油…1 ½大匙
　｜白芝麻…4 小匙▶充分攪拌

製作方法

1— 蓋上燜燒罐的內蓋，放進冰箱充分冷藏。

2— 燕麥用沸騰的熱水烹煮 10 ～ 15 分鐘，把水瀝乾，淋上 1 小匙芝麻油（份量外）。菠菜汆燙後，把水瀝乾，切成 3cm 長。舞茸也要烹煮。把水瀝乾，分別放涼之後，連同 **A** 材料、剩下的材料一起放進冰箱冷藏。

3— 依序把步驟 **2** 的醬料、舞茸、燕麥、菠菜、高麗菜、竹輪，放進步驟 **1** 預冷的燜燒罐裡，關緊蓋子。

使用話題性的超級食物・藜麥

藜麥高麗菜沙拉

材料

藜麥…2 大匙（20g）

高麗菜…1 片（50g）▶切成大塊

火腿…2 片（24g）▶切成 5mm 片狀

芹菜…40g ▶切成 5mm 塊狀

玉米粒…2 大匙（20g）

毛豆（汆燙後去豆莢）…30g

〈沙拉醬〉

美乃滋…1 大匙

醋…½ 小匙

起司粉…1 小匙▶充分攪拌

製作方法

1— 蓋上燜燒罐的內蓋，放進冰箱充分冷藏。

2— 藜麥用沸騰的熱水烹煮 10 ～ 15 分鐘後，瀝乾，放涼。把沙拉醬連同剩下的材料，一起放進冰箱冷藏。

3— 依序把步驟 **2** 的沙拉醬、玉米、藜麥、毛豆、芹菜、火腿、高麗菜，放進步驟 **1** 預冷的燜燒罐裡，關緊蓋子。

基於拍攝，罐沙拉是以攪拌後的狀態進行拍攝。照片上的編號是把材料放進罐裡的順序。

享受各種食材的口感！

薯蕷、黃瓜、酥脆日式豆皮的鹽昆布沙拉

材料

薯蕷…60g ▶ 切絲
黃瓜…多於½ 根（50g）▶ 切絲
日式豆皮…⅓ 片（10g）
秋葵…2 根（20g）
鴨兒芹…3 ～ 4 根 ▶ 切段

〈沙拉醬〉

鹽昆布…1 ～ 2g
薑泥…1 小匙
醋、芝麻油…各 1 小匙
醬油…½ 小匙
砂糖…½ 小匙
▶ 充分攪拌

製作方法

1– 預冷

蓋上燜燒罐的內蓋，放進冰箱充分冷藏。

2– 預先處理

用烤箱把日式豆皮烤成焦色，縱切成對半後，切成細條。秋葵快速汆燙後，斜切成段。所有食材放涼後，把沙拉醬連同剩下的材料，一起放進冰箱冷藏。

3– 裝進燜燒罐

依序把步驟 **2** 的沙拉醬、薯蕷、黃瓜、秋葵、日式豆皮、鴨兒芹，放進步驟 **1** 預冷的燜燒罐裡，關緊蓋子。

黃豆芽
Choregi沙拉

106
kcal

粉絲沙拉

252
kcal

把蘿蔔乾做成沙拉！

黃豆芽 Choregi沙拉

材料

黃豆芽…80g ▶ 去除根鬚

黃瓜…多於½根（50g）

▶ 縱切成對半，斜切成片

鹽藏裙帶菜…30g

▶ 用活水沖掉鹽巴後，切成一口大小

小魚乾…7g

生菜…1片 ▶ 撕成一口大小

〈沙拉醬〉

苦椒醬、醋…各1小匙

醬油、砂糖、芝麻油…各½小匙

▶ 充分攪拌

製作方法

1– 預冷

蓋上燜燒罐的內蓋，放進冰箱裡充分冷藏。

2– 預先處理

用平底鍋把小魚拌炒至焦色。黃豆芽快速汆燙，瀝乾。所有食材放涼後，把沙拉醬和剩下的材料一起放進冰箱冷藏。

3– 裝進燜燒罐

依序把步驟 **2** 的沙拉醬、黃豆芽、黃瓜、裙帶菜、生菜、小魚乾，放進步驟 **1** 預冷的燜燒罐裡，關緊蓋子。

使用傳統食材．粉絲

粉絲沙拉

材料

粉絲…8g

▶ 用熱水泡軟

菠菜…3株（60g）

番茄…⅓顆（60g）

▶ 切成一口大小的滾刀塊

蘿蔔…1.5cm（30g）、

胡蘿蔔…⅙根（20g）

▶ 全部切成3～4cm長的細絲後，搓鹽巴

壽司醋…2小匙

〈肉味噌〉

豬絞肉…50g

薑、蒜頭…各1小匙 ▶ 切末

A｜豆瓣醬…½小匙
　｜甜麵醬…2小匙

B｜醬油…½小匙　味醂…½大匙

芝麻油…1小匙

製作方法

1– 預冷

蓋上燜燒罐的內蓋，放進冰箱充分冷藏。

2– 預先處理

製作肉味噌。用鍋子加熱芝麻油，放進薑、蒜頭，炒出香味後，加入 **A** 材料和絞肉，充分拌炒。加入 **B** 材料，收乾湯汁之後，關火。菠菜汆燙後，瀝乾，切成3cm長。搓過鹽巴的胡蘿蔔和蘿蔔，把水瀝乾，拌入壽司醋。連同剩下的材料一起放進冰箱冷藏。

3– 裝進燜燒罐

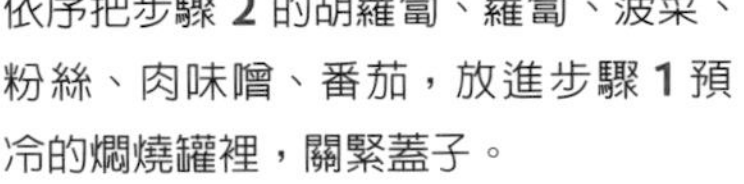

依序把步驟 **2** 的胡蘿蔔、蘿蔔、菠菜、粉絲、肉味噌、番茄，放進步驟 **1** 預冷的燜燒罐裡，關緊蓋子。

基於拍攝，罐沙拉是以攪拌後的狀態進行拍攝。照片上的編號是把材料放進罐裡的順序。

黏稠的秋葵和清爽的高湯，萬分絕妙！

碎豆腐的湯沙拉

和②一起攪拌

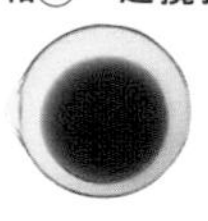

材料

木綿豆腐…⅓ 塊（100g）▶ 瀝乾，掐碎
鹽藏裙帶菜…30g
▶ 用活水沖掉鹽巴後，切碎
秋葵…2 根（20g）
黃瓜…½ 根（40g）▶ 切成 5mm 丁塊狀
茄子…¼ 條（15g）▶ 切成 5mm 丁塊狀
蘘荷…1 顆（10g）▶ 切末
青紫蘇…3 片▶ 切末
薑…⅓ 塊▶ 切末

〈醬汁〉

柚子醋醬油…2 小匙
醬油…1 小匙
日式高湯…½ 小匙▶ 充分攪拌

製作方法

1— 預冷

蓋上燜燒罐的內蓋，放進冰箱充分冷藏。

2— 預先處理

秋葵快速汆燙，切成小口切。把醬汁放進調理碗，加入豆腐以外的所有材料，用夾子充分攪拌，放進冰箱冷藏。

3— 裝進燜燒罐

依序把步驟 **2** 的食材，放進步驟 **1** 預冷的燜燒罐裡，關緊蓋子。

基於拍攝，罐沙拉是以攪拌後的狀態進行拍攝。照片上的編號是把材料放進罐裡的順序。

搭配衝突性食材的有趣沙拉

苦瓜鮪魚沙拉

材料

苦瓜…⅓ 條（40g）

▶ 縱切對半，去除種籽和瓜瓤，切薄片

鮪魚罐（水煮）…1 小罐（70g）

番茄…⅓ 顆（60g）▶ 切成一口大小

馬鈴薯…½ 顆（80g）

鵪鶉蛋（水煮）…3 顆▶ 切成對半

〈醬汁〉

美乃滋…1 小匙

醬油、檸檬汁…各½ 小匙

柚子胡椒…⅓ 小匙

▶ 充分攪拌

製作方法

1– 預冷

蓋上燜燒罐的內蓋，放進冰箱充分冷藏。

2– 預先處理

馬鈴薯用沾濕的廚房紙巾包裹後，輕輕包上保鮮膜，用微波爐加熱 2 分鐘，翻面後，再進一步加熱 1 分鐘。趁熱的時候，剝掉馬鈴薯的外皮，切成一口大小。苦瓜快速汆燙，瀝乾。所有食材放涼後，和剩下的材料、醬汁一起放進冰箱冷藏。

3– 裝進燜燒罐

依序把步驟 **2** 的醬汁、馬鈴薯、番茄、鮪魚（連頭罐頭湯汁）、苦瓜、鵪鶉蛋，放進步驟 **1** 預冷的燜燒罐裡，關緊蓋子。

用鮪魚罐和羊栖菜製作的簡單、健康沙拉

蘿蔔羊栖菜的金平風沙拉

材料

鮪魚罐（油漬）…1 小罐（70g）
胡蘿蔔…½ 根（60g）▶ 切絲
羊栖菜（乾燥）…5g
▶ 泡軟後，快速汆燙，瀝乾
貝割菜…⅓ 包（10g）▶ 切段

〈沙拉醬〉

洋蔥（切末）…1 小匙
涼麵沾醬（2 倍濃縮）…1 大匙
芝麻油…⅓ 小匙
醋…1 小匙
▶ 充分攪拌

製作方法

1– 預冷

蓋上爛燒罐的內蓋，放進冰箱充分冷藏。

2– 預先處理

把所有的材料、沙拉醬放進冰箱冷藏。

3– 裝進爛燒罐

依序把步驟 **2** 的沙拉醬、胡蘿蔔、羊栖菜、鮪魚（連同湯汁）、貝割菜，放進步驟 **1** 預冷的爛燒罐裡，關緊蓋子。

基於拍攝，罐沙拉是以攪拌後的狀態進行拍攝。照片上的編號是把材料放進罐裡的順序。

有效運用瘦身的良伴・寒天藻絲

寒天藻絲的泰式沙拉

材料

寒天藻絲…5g

▶ 切成 4 ～ 6cm 長，用水泡軟後，瀝乾

茄子…1 根（60g）

▶ 加熱後，縱切成對半，斜切成段

四季豆…5 根（40g）

涮涮鍋用牛肉…40g

▶ 如果太大片，就切成一口大小

〈沙拉醬〉

魚露、檸檬汁…各½ 大匙

砂糖、芝麻油…各½ 小匙

辣椒（小口切）…1 撮

▶ 充分攪拌

製作方法

1– 預冷

蓋上燜燒罐的內蓋，放進冰箱充分冷藏。

2– 預先處理

茄子去掉蒂頭，輕輕包覆保鮮膜，用微波爐加熱 1 分鐘，連同保鮮膜一起浸泡冷水。四季豆汆燙後，切成3～4等分。牛肉快速汆燙，瀝乾。分別放涼後，連同剩下的材料、沙拉醬一起放進冰箱冷藏。

3– 裝進燜燒罐

依序把步驟 **2** 的沙拉醬、寒天藻絲、四季豆、茄子、牛肉，放進步驟 **1** 預冷的燜燒罐裡，關緊蓋子。

PART 4 進階運用 燜燒罐做家常小菜

用燜燒罐製作正統的水煮豆！

進階使用燜燒罐的方法，就是把燜燒罐當成保溫調理器有效活用。需要慢慢加熱的水煮豆，或是使用乾物烹調的煮物，只要在快速加熱調理後，裝進燜燒罐裡，就可以在數小時之後完美上桌！

POINT 製作方法的重點

1– 讓豆子充分泡水

製作鬆軟水煮豆的關鍵就在於，用指定份量的水，讓豆子充分泡水。建議在前一晚就先泡水。可是，紅豆和小扁豆不需要泡水，所以嫌泡水麻煩的人，請利用這類豆子。

2– 豆子用中火加熱至沸騰

用中火加熱泡過水的豆子 2 ～ 10 分鐘（請視豆子的種類調整火侯）。鍋子的大小、火侯，都會影響烹煮後的結果，沸騰產生浮渣後，關火。

3– 把豆子放進預熱好的燜燒罐

把步驟 **2** 的豆子放進用熱水預熱，提高保溫性的燜燒罐裡，關緊蓋子。接下來，燜燒罐就會開始保溫燜燒。請保溫 2 ～ 3 小時以上。

4– 剩餘的水煮豆可用其他容器保存

不打算馬上品嚐時，就放到其他容器，冷藏保存吧！請在 2 ～ 3 天之內食用完畢。

1– 豆子泡水備用。

2– 用中火烹煮至起泡為止。

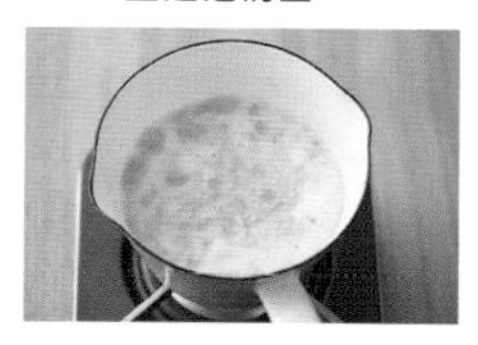

3– 把加熱的豆子裝進預熱的燜燒罐。

4– 剩餘的豆子可放到其他容器裡，冷藏保存。

建議調理備用的食材

豆子、蘿蔔乾、羊栖菜等乾物的烹煮，就利用周末等閒暇時間，製作起來備用吧！只要使用燜燒罐，就不需要擔心湯汁溢出或燒乾焦黑，既簡單又安全。燜燒罐也可以用來製作溫泉蛋，或是使用豆漿來製作豆腐，這些也能讓自己的口袋料理更加多元、多變。

※使用燜燒罐作為保溫調理器的時候，預先將食材加熱是保溫燜燒的基本，但是，溫泉蛋等則不需要加熱。只要善用燜燒罐的保溫燜燒功能即可。

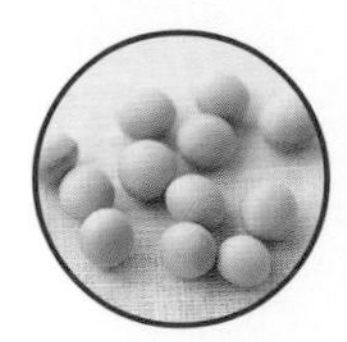

使用燜燒罐的水煮大豆是最基本的料理No.1

水煮大豆

p.56

大豆糯麥的顆粒沙拉

適合拿來當成沙拉、湯、燉物的食材。製作起來備用，將會相當便利。

材料（容易製作的份量）

大豆（乾燥）…70g

水…1 ⅓杯

製作方法

事前準備（盡可能前晚準備）

清洗大豆，用濾網撈起，把水分瀝乾後，倒進鍋裡，加入指定的水量，浸泡一晚。

1– 烹煮

加熱預先準備的鍋子，沸騰之後，撈除浮渣，烹煮 6 ～ 7 分鐘。

2– 預熱

把熱水倒進燜燒罐，關緊蓋子，預熱 2 分鐘。

3– 裝進燜燒罐

倒掉燜燒罐裡預熱用的熱水，把步驟 **1** 的大豆裝進罐裡，（如果還沒有滿）把熱水加入至內側的標準線為止，關緊蓋子，放置 3 小時以上。

MEMO

- 不打算馬上使用時，就等放涼後，連同湯汁一起移放到保存容器裡，可在冰箱保存 2 ～ 3 天。
- 製作浸豆時，就把水換成 1 ⅓杯高湯，加入⅓小匙的鹽巴、½小匙的胡椒，烹煮 10 分鐘左右（步驟 2、3 則相同）。

外觀不僅可愛，同時也很適合當成創意食材

水煮鷹嘴豆

p.27

**鷹嘴豆
番茄燉飯**

鷹嘴豆不容易煮爛，除了燉飯之外，也可以隨意應用在湯或咖哩、煮物、炒物、沙拉等料理中。

材料（容易製作的份量）

鷹嘴豆（乾燥）…70g

水…1 ½杯

製作方法

事前準備（盡可能前晚準備）

清洗鷹嘴豆，用濾網撈起，把水分瀝乾後，倒進鍋裡，加入指定的水量，浸泡一晚。

1– 烹煮

加熱預先準備的鍋子，沸騰之後，烹煮10分鐘。

2– 預熱

把熱水倒進燜燒罐，關緊蓋子，預熱2分鐘。

3– 裝進燜燒罐

倒掉燜燒罐裡預熱用的熱水，把步驟**1**的鷹嘴豆裝進罐裡，（如果還沒有滿）把熱水加入至內側的標準線為止，關緊蓋子，放置2～3小時以上。

MEMO

- 沸騰的時候，也可以加上½小匙的高湯粉。
- 不打算馬上使用時，就等放涼後，連同湯汁一起移放到保存容器裡，可在冰箱保存2～3天。
- 製作豆泥時，就在烹煮好之後，把鷹嘴豆的熱水瀝乾，連同白芝麻、花生醬各1 ½大匙、橄欖油1大匙、檸檬汁2小匙，一起放進食物調理機攪拌至柔滑程度，再用鹽巴、胡椒調味。

不需要泡水，運用性多元的優等生

水煮紅豆

p.21

紅豆飯

除了紅豆飯之外，和南瓜一起烹煮也相當美味。

材料（容易製作的份量）

紅豆（乾燥）…80g
 ▶ 清洗後，瀝乾
水…1 ½杯

製作方法

1– 烹煮兩次

把紅豆和淹過紅豆程度的水量放進鍋裡，用大火加熱，沸騰之後，加入½杯的指定水量，再次烹煮至沸騰，接著關火，用濾網撈起紅豆，把烹煮的水瀝掉。再次把紅豆放回鍋裡，加入剩下的1杯水，用大火加熱。沸騰的時候，改用小火烹煮7～8分鐘。

2– 預熱

把熱水倒進燜燒罐，關緊蓋子，預熱2分鐘。

3– 裝進燜燒罐

倒掉燜燒罐裡預熱用的熱水，把步驟**1**的紅豆裝進罐裡，（如果還沒有滿）把熱水加入至內側的標準線為止，關緊蓋子，放置2～3小時以上。

MEMO

- 不打算馬上使用時，就等放涼後，連同湯汁一起移放到保存容器裡，可在冰箱保存2～3天（下列的甜煮也相同）。
- 製作甜煮時，步驟**1**截至把烹煮湯汁瀝乾之前的步驟皆相同。之後，再次把紅豆放回鍋裡，加入2杯水，用大火加熱。沸騰後，改用小火烹煮10分鐘，加入30g的砂糖，進一步烹煮5分鐘。再次沸騰後，加入30g的砂糖，烹煮2～3分鐘後，關火（步驟2、3則相同）。

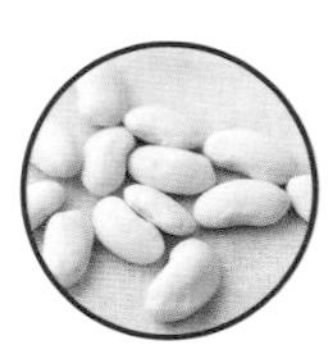

加入湯或沙拉裡，提高飽足感

水煮海軍豆

p.34

海軍豆、香菇巧達濃湯

也可以當成湯、沙拉的食材。

材料（容易製作的份量）

海軍豆（乾燥）…80g

水……1 ½杯

A | 月桂葉…1 片
 | 蒜頭…1 塊▶切對半
 | 鹽巴…¼小匙

製作方法

事前準備（盡可能前晚準備）

清洗海軍豆，用濾網撈起，把水分瀝乾之後，倒進鍋子裡，加入 2 杯水，浸泡一晚。

1– 烹煮兩次

加熱預先準備的鍋子，沸騰產生浮渣之後，把鍋子移開爐火，一邊在水龍頭下沖入溫水，一邊清洗豆子。把稍微瀝乾的海軍豆放回鍋裡，加入指定份量的水、A 材料，用大火加熱，沸騰之後，改用中火烹煮 10 分鐘。

2– 預熱

把熱水倒進燜燒罐，關緊蓋子，預熱 2 分鐘。

3– 裝進燜燒罐

倒掉燜燒罐裡預熱用的熱水，把步驟 1 的海軍豆裝進罐裡，（如果還沒有滿）把熱水加入至內側的標準線為止，關緊蓋子，放置 2 ～ 3 小時以上。

MEMO

- 沸騰的時候，也可以加上½小匙的高湯粉。
- 不打算馬上使用時，就等放涼後，連同湯汁一起移放到保存容器裡，可在冰箱保存 2 ～ 3 天。
- 製作紅菜豆時，也可以採用相同的步驟。

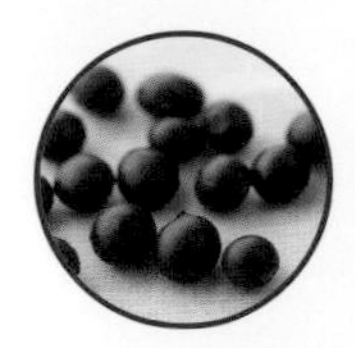

需要上等技巧的黑豆也可以交給燜燒罐！

甜煮黑豆

材料（容易製作的份量）

黑豆（乾燥）…80g ▶ 清洗後，瀝乾

A
- 水…1 ¾杯
- 砂糖…40g
- 醬油…½ 大匙
- 鹽巴…1 撮

製作方法

事前準備（盡可能前晚準備）

把 **A** 材料放進鍋裡，加熱至足以溶解砂糖的溫度，加入黑豆，浸泡一晚。

1– 烹煮

用大火加熱預先準備的鍋子，沸騰之後，撈除浮渣，改用中火加熱 15 分鐘左右。

2– 預熱

把熱水倒進燜燒罐，關緊蓋子，預熱 2 分鐘。

3– 裝進燜燒罐

倒掉燜燒罐裡預熱用的熱水，把步驟 **1** 的黑豆裝進罐裡，（如果還沒有滿）把熱水加入至內側的標準線為止，關緊蓋子，放置 3 小時以上。

MEMO

- 不打算馬上使用時，就等放涼後，連同湯汁一起移放到保存容器裡，可在冰箱保存 2 ～ 3 天。
- 製作水煮豆時，要先用 1 ¾杯的水，將指定份量的黑豆浸泡一晚（步驟 1、2、3 皆相同）。

ARRANGE

黑豆蜜豆

材料（二人份）

甜煮黑豆…4 大匙
（參考上述製作方法）
洋菜粉…1 小匙（2g）
水…250mℓ
個人喜歡的水果（黃桃、甜橘罐等）…適量
黑糖…適量
黑豆湯汁…適量

一人份 70 kcal
※ 不含黑蜜、湯汁

製作方法

1– 把指定份量的水放進鍋裡加熱，撒入洋菜粉，一邊攪拌烹煮，沸騰之後，就這麼持續攪拌 2 分鐘，烹煮後關火。倒進模型裡，放涼之後，放進冰箱 1 ～ 2 小時，使其凝固。

2– 把洋菜切成 1cm 丁塊狀，連同黑豆、個人喜愛的水果一起裝盤，淋上黑豆的湯汁、黑糖。

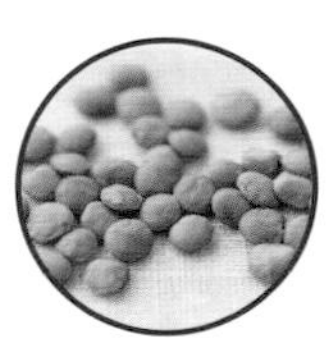

圓且扁的小扁豆不需要浸泡，可用性出類拔萃！

水煮小扁豆

材料（容易製作的份量）

小扁豆（帶皮、乾燥）…70g

▶清洗後，瀝乾

水…1 ⅓ 杯

製作方法

1— 預熱

把熱水倒進燜燒罐，關緊蓋子，預熱。

2— 烹煮

把小扁豆和指定份量的水放進鍋裡加熱，沸騰之後，烹煮2～3分鐘。

3— 裝進燜燒罐

倒掉步驟 **1** 燜燒罐裡預熱用的熱水，把步驟 **2** 的小扁豆裝進罐裡，（如果還沒有滿）把熱水加入至內側的標準線為止，關緊蓋子，放置1 小時以上。

ARRANGE

小扁豆沙拉

材料（二人份）

小扁豆（水煮）…120g

（參考上述製作方法）

胡蘿蔔…½ 根（60g）▶切絲

鹽巴…¼小匙

番茄…½ 顆（80g）

▶略薄的梳形切

香芹…1 大匙▶切末

鹽巴、胡椒…各少許

〈沙拉醬〉

洋蔥…⅛ 顆（20g）▶切末

白酒醋、芥末粒、橄欖油

…各 1 大匙

蜂蜜…1 小匙

▶充分攪拌

一人份 194 kcal

製作方法

1— 把胡蘿蔔放進調理碗，撒上鹽巴，用夾子充分攪拌後，瀝乾。

2— 把沙拉醬放進其他的調理碗，加入步驟 **1** 的胡蘿蔔、小扁豆、番茄，用鹽巴、胡椒調味後，撒上香芹，進一步粗略攪拌。

MEMO

- 沸騰的時候，也可以加上½小匙的高湯粉。
- 不打算馬上使用時，就等放涼後，連同湯汁一起移放到保存容器裡，可在冰箱保存 2～3 天。

乾物是擅長保溫燜燒的燜燒罐自信作

燉煮蘿蔔乾

材料

蘿蔔乾…10g ▶ 清洗後，切成一口大小

胡蘿蔔…¼ 根（30g）

▶ 切成 3cm 長的細絲

薩摩炸魚餅…½ 片（20g）

▶ 切成 3cm 長的細絲

香菇…1 朵 ▶ 切片

A | 醬油…2 小匙
  | 味醂…1 小匙
  | 高湯…¾ 杯

芝麻油…1 小匙

製作方法

1－ 預熱

把熱水倒進燜燒罐，關緊蓋子，預熱。

2－ 拌炒 & 烹煮

芝麻油放進鍋裡加熱，放進胡蘿蔔、蘿蔔乾、香菇，快速拌炒。加入薩摩炸魚餅、**A** 材料，改用大火烹煮，沸騰之後，關火。

3－ 裝進燜燒罐

倒掉步驟 **1** 燜燒罐裡預熱用的熱水，把步驟 **2** 的食材連同湯汁一起倒進罐裡，關緊蓋子，放置 3 小時以上。

MEMO

●不打算馬上使用時，就等放涼後，連同湯汁一起移放到保存容器裡，可在冰箱保存 2 ～ 3 天。

鈣質和食物纖維豐富的家常菜

燉煮羊栖菜

材料

羊栖菜（乾燥）…10g ▶ 清洗後，瀝乾

胡蘿蔔…⅙ 根（20g）

▶ 切成 3cm 長的細絲

竹輪…2 小根（50g）

▶ 縱切成對半，斜切成段

薑…½ 塊 ▶ 切絲

A
- 醬油…½ 大匙
- 砂糖、味醂…各 1 小匙
- 酒…1 大匙
- 高湯…½ 杯

芝麻油…1 小匙

製作方法

1– 預熱

把熱水倒進燜燒罐，關緊蓋子，預熱。

2– 拌炒 & 烹煮

把芝麻油和薑放進鍋裡加熱，產生香氣後，加入胡蘿蔔、羊栖菜、竹輪快速翻炒。加入 A 材料，沸騰之後，關火。

3– 裝進燜燒罐

倒掉步驟 1 燜燒罐裡預熱用的熱水，把步驟 2 的食材連同湯汁一起倒進罐裡，關緊蓋子，放置 3 小時以上。

MEMO

● 不打算馬上使用時，就等放涼後，連同湯汁一起移放到保存容器裡，可在冰箱保存 2 ～ 3 天。

171 kcal

燜燒罐的保溫燜燒最適合製作根莖蔬菜料理

牛肉、牛蒡、魔芋絲的時雨煮

材料

牛肉片…50g

薑…1 塊 ▶ 切絲

牛蒡…½ 根（50g）▶ 較細的滾刀切

魔芋絲…50g
▶ 清洗後瀝乾，切成容易食用的長度

芝麻油…1 小匙

〈混合調味料〉

醬油、酒…各½ 大匙

味醂…1 小匙

砂糖…1 小匙

高湯…3 大匙 ▶ 充分攪拌

製作方法

1－ 預熱

把熱水倒進燜燒罐，關緊蓋子，預熱。

2－ 拌炒 & 烹煮

把芝麻油放進鍋裡加熱，翻炒直到魔芋絲產生滋滋作響的聲音，加入薑、牛蒡、牛肉拌炒。加入調味料煮沸，肉的顏色改變後，關火。

3－ 裝進燜燒罐

倒掉步驟 **1** 燜燒罐裡預熱用的熱水，把步驟 **2** 的食材連同湯汁一起倒進罐裡，關緊蓋子，放置 4 小時以上。

MEMO

●不打算馬上使用時，就等放涼後，連同湯汁一起移放到保存容器裡，可在冰箱保存 2 ～ 3 天。

披薩醬是蔬菜燉煮的王牌

普羅旺斯雜燴

材料

茄子…⅔ 條（40g）▶ 切成 1cm 丁塊狀
櫛瓜…⅓ 根（40g）▶ 切成 1cm 丁塊狀
甜椒（紅）…¼ 顆（30g）
　▶ 切成 1cm 丁塊狀
南瓜…4 等分的⅑顆（40g）
　▶ 切成 7 ～ 8mm 厚
洋蔥…⅛ 顆（20g）▶ 切末
培根…1 片（20g）▶ 切條
A｜披薩醬…2 大匙
　｜水…2 大匙
起司粉…2 小匙
橄欖油…1 小匙

製作方法

1－ 預熱

把熱水倒進燜燒罐，關緊蓋子，預熱。

2－ 拌炒 & 烹煮

把橄欖油、洋蔥、培根放進鍋裡加熱，產生香氣後，加入茄子、櫛瓜、甜椒、南瓜，翻炒至呈現光澤為止。加入 **A** 材料煮沸，加入起司粉，快速攪拌，關火。

3－ 裝進燜燒罐

倒掉步驟 **1** 燜燒罐裡預熱用的熱水，把步驟 **2** 的食材連同湯汁一起倒進罐裡，關緊蓋子，放置 3 小時以上。

MEMO

●不打算馬上使用時，就等放涼後，連同湯汁一起移放到保存容器裡，可在冰箱保存 2 ～ 3 天。

只要使用燜燒罐，溫泉蛋就不會失敗！

溫泉蛋

p.45

梅子番茄蛋花湯

只要擺放上各式各樣的小菜，就可以增添風味。

材料（容易製作的份量）

雞蛋…2 顆▶ 在室溫回溫

水…2 大匙

熱水…適量

製作方法

1– 預熱

把熱水倒進燜燒罐，關緊蓋子，預熱。

2– 拌炒 & 烹煮

倒掉燜燒罐裡預熱用的熱水，加入指定份量的水、雞蛋，熱水加到內側的標準線為止。關緊蓋子，放置 40 ～ 50 分（也可用 70 度的熱水代替水，加入至內側的標準線）。

MEMO

- 不打算馬上使用時，就等放涼後，連同湯汁一起移放到保存容器裡，可在冰箱保存 2 ～ 3 天。
- 如果使用剛從冰箱裡拿出來的冰涼雞蛋，燜燒罐內部的溫度就會下降，使雞蛋不容易凝固，所以務必使用放在室溫內回溫的雞蛋。

超簡單！紐約最受歡迎的早餐

奶油洋芋半熟蛋

材料（容易製作的份量）

雞蛋…1 顆▶ 在室溫裡回溫後清洗

馬鈴薯…1 顆（160g）

奶油…10g

牛乳…¼ 杯

A | 鹽巴、胡椒…各少許
肉豆蔻或孜然粉…適量

製作方法

1– 燜燒罐和食材的預熱

把熱水倒進燜燒罐，把雞蛋輕輕放入罐內，關緊蓋子，預熱 2 分鐘左右。

2– 微波爐加熱

馬鈴薯用沾濕的廚房紙巾包裹後，包上保鮮膜，用微波爐加熱 2 分鐘，翻面後，加熱 1 分 30 秒。趁熱剝除外皮，放進耐熱調理碗壓成泥狀。加入奶油和牛乳，製作成馬鈴薯泥，加入 **A** 材料調味。進一步包上保鮮膜，用微波爐加熱 1 分 30 秒。

3– 瀝乾 & 裝進燜燒罐

打開步驟 **1** 的蓋子，倒掉燜燒罐裡的熱水，取出雞蛋，把步驟 **2** 的馬鈴薯泥裝進罐裡。打入雞蛋，再依照個人喜好，撒上粗粒黑胡椒，關緊蓋子，放置 1～2 小時。

COLUMN

3 超好用知識！創意料理

使用豆漿製作燜燒罐豆腐！?

豆腐

材料（豆腐約 200g 左右）

原味豆漿…1 杯

鹽滷…1 小匙

製作方法

1– 預熱

把熱水倒進燜燒罐，關緊蓋子，預熱。

2– 烹煮

把豆漿放進鍋裡加熱，在豆漿即將滾開沸騰之前關火，加入鹽滷，慢慢攪拌。

3– 裝進燜燒罐

倒掉步驟 **1** 燜燒罐裡預熱用的熱水，把步驟 **2** 的豆漿倒入，直到內側的標準線為止，關緊蓋子，放置1～2小時。

ARRANGE 冷

豆腐和酪梨的榨菜沙拉

材料（一人份）

豆腐…150g
（製作方法參考上述）

酪梨…¼ 顆（30g）
▶切成一口大小

榨菜（醃漬）…20g
▶切碎

番茄…½ 顆（80g）
▶切成一口大小

黃瓜…½ 根（40g）
▶略小的滾刀塊

〈醬料〉

蔥（蔥花）…1 大匙

醬油、醋…各 2 小匙

砂糖、辣油…各½ 小匙
▶充分攪拌

製作方法

把醬料放進調理碗，加入豆腐以外的材料，拌勻。最後，加入豆腐，粗略攪拌，裝盤。

ARRANGE 溫

薑汁芡豆腐

材料（一人份）

豆腐…200g
（製作方法參考上述）

胡蘿蔔…⅙ 根（20g）
▶切絲

香菇…1 朵▶切片

四季豆…2 根（16g）
▶斜切成段

〈芡汁〉

高湯…½ 杯

醬油…2 小匙

酒…1 小匙

味醂½　大匙

薑泥…1 小匙

太白粉…1 小匙
▶以加倍的水量溶解

製作方法

把太白粉以外的芡汁材料和蔬菜、香菇放進鍋裡加熱。蔬菜熟透之後，加入太白粉勾芡，淋在裝盤的豆腐上。

只要使用燜燒罐的保溫燜燒功能，
就可以簡單製作出豆腐和甜酒。
想吃的時候，隨時可以製作出 1 人份，而且還可以自由創意！

用白粥和麴就可製作的簡單營養飲品

甜酒

材料

乾燥麴…30g ▶ 揉散
白粥…60g（亦可使用 p.19 的白粥）
▶ 放涼至 60 度
水…1 杯

製作方法

1— 預熱

把熱水倒進燜燒罐，關緊蓋子，預熱。

2— 烹煮

把指定份量的水放進鍋裡，加熱至 65 度左右（鍋底開始起泡的程度），加入麴，粗略攪拌後，加入白粥後，充分攪拌，關火。

3— 裝進燜燒罐

倒掉步驟 **1** 燜燒罐裡預熱用的熱水，把步驟 **2** 的食材倒入，直到內側的標準線為止，關緊蓋子，放置 4 ～ 6 小時以上（希望更添甜味時，過 4 ～ 6 小時後開蓋，再次用鍋子加熱至 60 度左右，然後再次放進燜燒罐，保溫燜燒 4 小時）。

ARRANGE

綠甜酒冰沙

材料（一人份）

甜酒…½ 杯
小松菜…少於 2 株（50g）
柑橘…½ 顆（60g）
奇異果…¼ 顆（25g）
水…¼ 杯

製作方法

把所有材料放進攪拌機攪拌。

MEMO

- 麴如果超過 70 度以上，就不會發酵，所以要恪守加熱溫度。
- 放涼後，可放到保存容器，在冰箱保存 2 ～ 3 天（因為有乳酸菌，所以要盡早食用完畢）。長期保存的時候，可在冷凍庫保存 2 ～ 3 個星期。

PART 5 保冷、簡單又美味的 燜燒罐甜食

記住製作冰涼甜點的訣竅

切好的冰凍水果，或是冰鎮糖漬食材。甚至是使用洋菜或明膠的傳統甜點都沒有問題，燜燒罐保冷功能的醍醐味，就在於甜點製作！另一方面，燜燒罐的保溫功能也可以用來預先調理珍珠粉圓。

POINT 製作方法的重點

1– 水果以容易使用的大小冷凍

香蕉、芒果、奇異果等水果，切成容易使用的大小，藍莓等莓果類的水果，則是整顆冷凍使用。就算使用市售的冷凍水果也沒關係。午餐時間就要吃冰得恰到好處的甜點吧！

2– 使用冰涼的優格

在甜點製作中相當常見的優格，基本上要使用在冰箱冰鎮過的優格。優格和這次食譜中的棉花糖和奶油起司也相當對味！

3– 冷藏加熱過的食材

在這次的甜點食譜中登場的肉桂風味的柑橘等，需要加熱的食材，也請在放涼之後，放進冰箱冷藏。

4– 洋菜要烹煮溶解

以瓊脂等海藻為原料的洋菜，在加水煮沸後，就會變得更容易凝固。是值得推薦的低熱量食材。這次要用洋菜來製作杏仁豆腐，再用燜燒罐加以凝固。

5– 明膠不可以煮沸

明膠是以牛、豬的皮或骨等作為原料的動物性食品，煮沸之後，蛋白質會變性，變得不容易凝固，所以請泡水後，用微波爐加熱。明膠具有 Q 彈的口感，最適合薩瓦蘭風的起司蛋糕等甜點。

※ 製作使用保冷功能的甜點時，不管是什麼情況，燜燒罐務必要用熱水消毒，並充分晾乾，然後蓋上內蓋，放進冰箱冷藏後再行使用。把食材放進燜燒罐後，請在 6 小時之內食用完畢。

1– 水果建議冷凍後使用。

2– 優格要預先放進冰箱冷藏。

3– 加熱的食材要冰鎮備用。

4– 洋菜用小鍋煮沸後再使用吧！

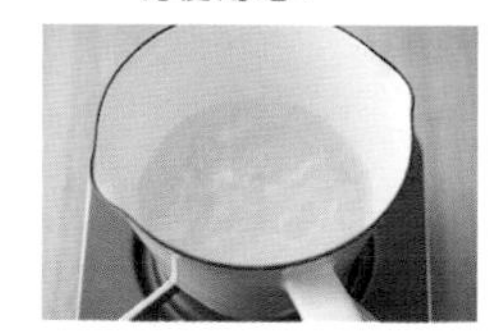

5– 明膠基本上要用微波爐加熱。

冷凍水果

179 kcal

冷凍香蕉和
穀麥佐鹹味焦糖醬

384 kcal

CHECK罐內！

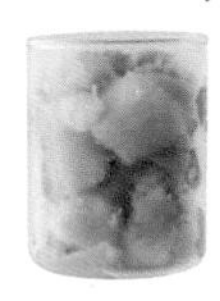

各種冰凍的水果，冰冰涼涼

冷凍水果

材料

柑橘…$\frac{1}{2}$ 棵（60g）
　▶ 去皮，切成一口大小
葡萄柚（紅肉）…$\frac{1}{2}$ 顆（100g）
　▶ 去皮，切成一口大小
奇異果
　…$\frac{1}{2}$ 顆（50g）（或甜瓜 50g））
　▶ 1cm 厚的半月切
香蕉…$\frac{1}{3}$ 條（30g）
　▶ 1cm 厚的片狀

A
- 薑汁…1 小匙
- 蜂蜜…1 大匙
- 檸檬汁…$\frac{1}{2}$ 大匙

製作方法

事前準備（盡可能前晚準備）
把 A 材料放進保存容器輕輕攪拌，加入所有的水果，上下輕輕拌勻，直接放進冰箱冷凍一晚。

1－ 預冷
蓋上燜燒罐的內蓋，放進冰箱充分冷藏。

2－ 裝進燜燒罐
把冷凍的水果放進預冷的燜燒罐，關緊蓋子。

CHECK罐內！

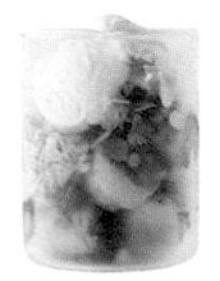

穀麥、冰淇淋和香蕉的絕妙搭配！

冷凍香蕉和穀麥佐鹹味焦糖醬

材料

香蕉…1 大條（100g）
　▶ 2cm 厚的片狀
水果燕麥…30g ～ 40g
焦糖（市售品）…5 顆（20g）
牛奶…1 大匙
鹽巴…1 撮
香草冰淇淋…30g

MEMO

鹽味焦糖也可以用細砂糖來代替焦糖。把 25g 的細砂糖和 $\frac{1}{2}$ 大匙的水放進鍋裡，用小火加熱，呈現出焦色後，關火。一邊搖晃鍋子，當糖因為餘熱而變成焦色後，加入牛奶，快速攪拌，加入鹽巴。

製作方法

事前準備（盡可能前晚準備）
製作鹹味焦糖醬。把焦糖和牛乳放進耐熱盤，輕輕包上保鮮膜，用微波爐加熱 1 分鐘，溶解後充分攪拌。呈現黏稠狀之後，加入鹽巴，進一步攪拌。把餅乾紙鋪在盤上，排放上香蕉，淋上鹽味焦糖醬，冷凍一晚。

1－ 預冷
蓋上燜燒罐的內蓋，放進冰箱充分冷藏。

2－ 裝進燜燒罐
依序把冷凍的香蕉、香草冰淇淋、燕麥，放進預冷的燜燒罐，關緊蓋子。

CHECK罐內！

用燜燒罐製作杏仁豆腐！

抹茶杏仁

材料

洋菜粉…½ 小匙（1g）
砂糖…2 大匙
水…¾杯
杏仁霜…2 小匙
牛奶（冰的）…130㎖
冰…1 ～ 2 顆
〈抹茶糖漿〉
抹茶…1 小匙
砂糖…2 大匙
檸檬汁…½ 小匙
水…¼ 杯

製作方法

預冷和事前準備（盡可能前晚準備）
蓋上燜燒罐的內蓋，放進冰箱充分冷藏。接著製作抹茶糖漿，把水和砂糖放進鍋裡加熱，待砂糖溶解後，關火，加入檸檬汁、抹茶攪拌。放涼之後，放進攜帶用容器裡，放進冰箱冷藏。

1– 烹煮

製作杏仁豆腐。把杏仁霜溶入 2 大匙牛奶（30㎖）裡，攪拌至柔滑程度，加入剩下的牛奶，進一步攪拌（**A**）。把指定份量的水和洋菜粉加入鍋裡，用略大的中火加熱，沸騰之後，改用中火，加入砂糖攪拌，一邊烹煮 2 分鐘後，關火。加入 **A** 材料攪拌，放涼。

2– 裝進燜燒罐

把步驟 **1** 的食材和冰放進預冷的燜燒罐，關緊蓋子（準備品嚐時，淋上抹茶糖漿）。

讓糯米丸子結凍的獨特料理

糖漬柑橘糯米丸

材料

糯米丸子（市售品）…1 串

〈糖漬柑橘〉

柑橘…1 顆（120g）

▶ 去皮，切成 2 等分後，切成 1cm 寬的半月切

水…1 杯

紅茶（茶包）…1 包

砂糖…1 大匙

肉桂…½ 根

製作方法

事前準備（盡可能前晚準備）

製作糖漬柑橘，把水、砂糖和肉桂放進鍋裡煮沸後，放入紅茶包和柑橘，加熱 1 分鐘後，關火，拿掉紅茶茶包。放涼之後，放進冰箱冷藏。糯米丸子去掉竹籤，用保鮮膜一顆顆包起來，放進冰箱裡冷凍。

1– 預冷

蓋上燜燒罐的內蓋，放進冰箱充分冷藏。

2– 裝進燜燒罐

把糖漬柑橘和糯米丸子放進步驟 **1** 預冷的燜燒罐，關緊蓋子。

享受用希臘優格做出的2種味道

希臘優格的白乳酪蛋糕

材料

原味優格…1 ½ 杯（300g）
藍莓（冷凍）…50g
藍莓醬…4 小匙
柑橘醬…1 大匙
薄荷葉…適量

製作方法

預冷與事前準備（盡可能前晚準備）
蓋上燜燒罐的內蓋，放進冰箱充分冷藏。製作希臘優格。把鋪了廚房紙巾的濾網，放在調理碗上，放上優格，在冰箱裡放置一晚，把水瀝乾。

1– 攪拌

把希臘優格分成一半，一半拌入柑橘醬，剩下的部分拌入藍莓和藍莓醬（留下幾顆藍莓用來裝飾）。

2– 裝進燜燒罐

依序把步驟 **1** 拌入藍莓的優格、拌入柑橘醬的優格放入預冷的燜燒罐，放上薄荷葉、裝飾用的藍莓，關緊蓋子。

用乾燥果實和棉花糖幫優格施上魔法…

水果乾棉花糖優格

材料

原味優格…1 杯（200g）
棉花糖…20g
芒果乾…1 塊（20g）
梅乾…3 顆（18g）

製作方法

1– 預冷

蓋上燜燒罐的內蓋，放進冰箱充分冷藏。

2– 攪拌

粗略攪拌優格和棉花糖。

3– 裝進燜燒罐

把步驟 **2** 的食材放進步驟 **1** 預冷的燜燒罐，把芒果乾、梅乾塞入優格，關緊蓋子。

希臘優格的
白乳酪蛋糕

水果乾棉花糖優格

306
kcal

CHECK罐內！

柑橘風味的蜂蜜蛋糕和
起司蛋糕的美味調和

薩瓦蘭風的起司蛋糕

材料

蜂蜜蛋糕…1 塊（30g）
▶ 厚度切成一半
茅屋起司（過篩）…100g
▶ 恢復室溫
原味優格…½ 杯（100g）
砂糖…2 大匙
檸檬汁½ 大匙
明膠…1 小匙（3g）
水…1 大匙
橘子汁（100% 原汁）…¼杯
細砂糖…2 小匙

製作方法

預冷與事前準備（盡可能前晚準備）
蓋上爛燒罐的內蓋，放進冰箱充分冷藏。把橘子汁和細砂糖放進鍋裡，烹煮至黏稠程度。放涼後，倒進調理盤，浸泡蜂蜜蛋糕，冷凍一晚。

1－ 攪拌

明膠浸泡在指定份量的水裡，用微波爐加熱 20 秒，使其溶化。把茅屋起司、砂糖、優格放進調理碗，用打泡器充分攪拌後，依序加入明膠、檸檬汁，充分攪拌。

2－ 裝進燜燒罐

把一半冷凍的蜂蜜蛋糕，放進預冷的燜燒罐裡，倒入步驟 **1** 的食材，放上剩下的蜂蜜蛋糕，關緊蓋子。

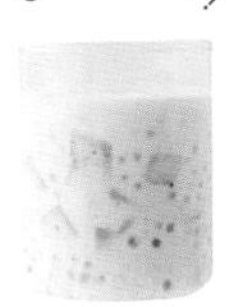

CHECK罐內！

燜燒罐也可以輕鬆搞定粉圓的預先調理！

珍珠粉圓水果椰奶

材料

珍珠粉圓…1 大匙（10g）
椰奶…⅓ 杯
牛奶…⅓ 杯
煉乳（或蜂蜜）…1 大匙
冷凍芒果（切丁）…60g
奇異果…½ 顆（50g）
▶ 切成 1.5 ～ 2cm 的丁塊狀
冰…2 ～ 4 顆

製作方法

1– 保溫燜燒

把珍珠粉圓放進燜燒罐，熱水加入至內側的標準線為止，粗略攪拌後，關緊蓋子，放置 4 ～ 5 小時以上。

2– 烹煮

把椰奶、煉乳和牛奶放進鍋裡，一邊偶爾攪拌，烹煮至沸騰為止。放涼之後，放進冰箱冷藏。

3– 瀝乾 & 裝熱水

打開步驟 **1** 燜燒罐的蓋子，把濾網平貼在罐口，在避免食材溢出的情況下，倒掉罐裡的水，把瀝乾的珍珠粉圓放回燜燒罐。加入步驟 **2** 的食材、芒果、奇異果和冰，關緊蓋子。

COLUMN 4

以容量為主？以設計為主？
燜燒罐圖鑑

原來燜燒罐除了便當之外，還可以拿來煮飯、製作備用食材，甚至是傳統甜點。了解燜燒罐的神奇之後，是不是更想使用燜燒罐了呢？請根據容量、功能、設計等，從各公司的衆多產品中挑選出您所喜歡的燜燒罐吧！

比較各公司產品

	膳魔師 THERMOS	象印魔法瓶  ZOJIRUSHI	TIGER魔法瓶 TIGER
基本尺寸	 **真空斷熱食物調理罐300mℓ** 以容易開啓、不外漏的雙重構造外蓋為傲。本體以外的配件也可採用洗碗機清洗。有3種顏色。	 **不鏽鋼燜燒罐360 mℓ** 內部採光滑的不鏽鋼，髒污容易清洗。可以全部拆解，整個清洗。也有260mℓ的小容量類型。各2色。	 **湯罐300mℓ** 容量維持不變，保溫力升級，尺寸約縮小了15%，變得更容易攜帶。顏色共有3種。
新產品尺寸	  有略小容量270mℓ、大容量380mℓ，兩種皆有3種顏色。依照尺寸和顏色差異挑選的人似乎很多。	  有450mℓ和550mℓ兩種大容量的產品種類。產品色彩也考量到男性，有成熟的顏色各2色。	  除了傳統的300mℓ和380mℓ之外，還新增了250mℓ的迷你尺寸。以寬口、圓底的獨特設計為特色。顏色各有3種。

燜燒罐專用的道具陸續上市！

勺子

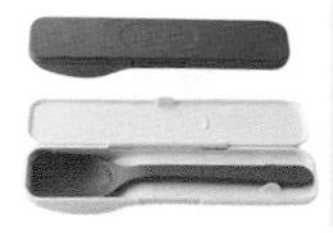

搭配燜燒罐底部形狀的圓形湯匙。容器和湯匙之間不會形成縫隙，所以就連最後一滴湯汁都可以吃得乾乾淨淨。專用收納盒有3種顏色。

食物罐湯匙 APC-160（膳魔師）

加上容易食用的角度，就算是底部較深的容器，也可以完全對應的湯匙。隨附專用的湯匙套。護套顏色有3種。

燜燒罐專用的湯匙（Marna）

時尚且有趣的燜燒罐

推薦給拘泥於設計的人。有番茄等蔬菜主題、龐克、搖滾等個性設計，共計12種。300 mℓ，真空斷熱構造。

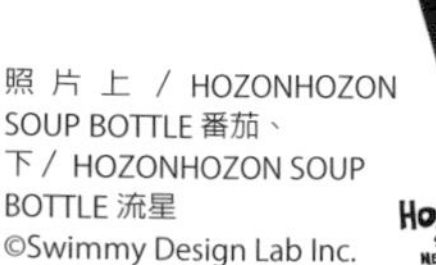

照片上／HOZONHOZON SOUP BOTTLE 番茄、下／HOZONHOZON SOUP BOTTLE 流星
©Swimmy Design Lab Inc.

COLUMN 5

更了解燜燒罐的使用方法 Q&A

燜燒罐具有優秀的保溫力與保冷力，
但是，或許仍有人對於燜燒罐的處理與調理方法，還有些許困惑？
因此，這裡彙整了各項常見的問題，供大家參考。

Q1— 超過6小時之後，是不是就不能吃了？

A 這次使用的膳魔師燜燒罐（真空斷熱食物調理罐 JBJ-301），保溫效力是 6 小時維持 60 度以上，保冷效力則是 6 小時維持 13 度以下。若超出上述時間，食物可能會有腐敗的問題，所以請務必在 6 小時之內食用完畢。另外，放了冰涼食物的燜燒罐，如果長時間放置在高溫場所，也會導致燜燒罐的內部溫度上升，請多加注意。

Q2— 可以在中途打開蓋子嗎？

A 燜燒罐一旦打開蓋子，燜燒罐內部的溫度就會下降。可能會導致食用時變成溫的，或是食物腐敗的高風險，所以打開蓋子之後，請一次食用完畢。存放保冷食物的情況也相同，如果在中途打開蓋子，燜燒罐就無法持續冷度。

Q3— 食材的預先處理，可以使用微波爐嗎？

A 食材可以使用微波爐預先處理，只要食材確實熟透，就不會有問題。尤其是不容易熟透的食材（胡蘿蔔、牛蒡等根莖蔬菜類），建議先利用微波爐加熱之後，再放進罐內。燜燒罐本體請絕對不要放進微波爐。

根莖蔬菜類的蔬菜，只要用微波爐加熱，就可以縮短時間，讓早晨的準備工作更輕鬆。

牛奶等乳製品或生食的加熱，也請利用微波爐加熱。

Q4— 為什麼白飯的米芯沒有透？

A 燜燒罐沒有預熱、預熱動作不夠確實、預熱用的熱水溫度過低或水量太少，都可能導致白飯的米芯沒有熟透。另外，燜燒罐裡面的內容物如果太少，也會降低保溫力，有時也會導致無法達到保溫燜燒的效果。

泡過水的米放進鍋裡加熱後，要倒進燜燒罐裡面，這個時候，水量的調整是主要關鍵。照片是水量調整恰到好處的狀態，製作時請以此張照片的狀態為標準。

Q5— 燜燒罐有異味，請告知正確的清洗方法。

A 燜燒罐用洗碗精清洗後，如果仍有異味，建議利用氧系漂白劑進行漂白清洗。可是，燜燒罐本體（金屬部分），請絕對不要使用氧系漂白劑或碳酸氫鈉等進行清洗。如果漂白劑仍然無法去除異味，建議更換零件。

Q6— 把燜燒罐當成保溫調理器使用時，該注意什麼？

A 保溫調理器有很多種類型。有長時間燉煮，進行加熱燜燒的慢燉鍋、利用高溫保溫燜燒預先煮好的食材的真空保溫調理器。燜燒罐屬於後者，所以生的肉類、魚類等食材，必須先利用其他鍋子加熱，然後再倒進燜燒罐裡，這是基本原則。乳製品也一樣，為了預防腐敗，請確實加熱，或是充分保冷。

INDEX

［米、麥、麵、加工品］

加工品

［蔬菜、水果、加工品］

加工品

［豆、豆類加工品］

加工品

※ 本頁僅刊載作為主食材使用的材料。

PROFILE

金丸 繪里加 (Erika Kanamaru)

管理營養師／料理家／餐飲策劃人

玉川大學畢業。女子營養大學講師。以展露「美味」笑顏的料理製作為座右銘，設計各種健康的料理食譜。在電視節目、書籍、雜誌、網站等各種媒體上相當活躍。著有《身材薑薑好！用燜燒罐消水瘦身》（三悅文化）、《ルクエ　スチームケースで　早ラク！（LEKUE蒸煮盒的輕鬆上桌！）》（小學館）、《スープジャーで作るすてきなヘルシーランチ（燜燒罐健康午餐）》（東京書店）、《簡単! やせ体質になる! ジャーのサラダレシピ（簡單塑造纖瘦體質的罐沙拉）》（枻出版社）等多本著作。

TITLE

冷熱都可以！燜燒罐潛能食譜

STAFF

出版	三悅文化圖書事業有限公司
作者	金丸 繪里加
譯者	羅淑慧
總編輯	郭湘齡
責任編輯	黃思婷
文字編輯	黃美玉　莊薇熙
美術編輯	朱哲宏
排版	曾兆珩
製版	明宏彩色照相股份有限公司
印刷	皇甫彩藝印刷股份有限公司
法律顧問	經兆國際法律事務所　黃沛聲律師
戶名	瑞昇文化事業股份有限公司
劃撥帳號	19598343
地址	新北市中和區景平路464巷2弄1-4號
電話	(02)2945-3191
傳真	(02)2945-3190
網址	www.rising-books.com.tw
Mail	resing@ms34.hinet.net
初版日期	2017年4月
定價	280元

ORIGINAL JAPANESE EDITION STAFF

企画・編集制作	早草れい子
撮影	千葉 充
スタイリング	伊藤みき（tricko）
料理アシスタント	和田ひかる
デザイン	細山田光宣
	木寺 梓（細山田デザイン事務所）
編集協力	松井和恵
編集デスク	近藤祥子（主婦の友社）
撮影協力	サーモス株式会社
	株式会社マーナ
協力	株式会社三好製作所
	象印マホービン株式会社
	タイガー魔法瓶株式会社

國家圖書館出版品預行編目資料

冷熱都可以!燜燒罐潛能食譜 / 金丸繪里加作 ; 羅淑慧譯.
-- 初版. -- 新北市 : 三悅文化圖書,
2017.04
96　面 ; 14.8 x 21　公分
ISBN 978-986-94155-4-5(平裝)

1.食譜

427.1　　106002378